HISTOIRE

NATURELLE

DE

LA FRANCE

MÉRIDIONALE.

TOME CINQUIEME.

AVIS A MM. LES SOUSCRIPTEURS.

Ce cinquième Volume, excepté les dernières feuilles, est imprimé depuis long temps : il devoit paroître en 1782, avant le sixième, où il est cité imprimé ; mais il a fallu graver de nouveau les Cartes égarées à la mort de M. *Dupain-Triel*, Géographe, qui en étoit chargé.

HISTOIRE
NATURELLE
DE LA FRANCE
MÉRIDIONALE.

SUITE DES MINÉRAUX.

Par M. l'Abbé S o u l a v i e, Correspondant de l'Académie Royale des Inscriptions & Belles-Lettres de Paris, Associé des Académies des Sciences, Belles-Lettres & Arts d'Angers, la Rochelle, Dijon, Nismes, Pau, Metz, Châlons-sur-Marne, &c. &c.

TOME CINQUIÈME.

Chez { J.-Fr. Quillau, rue Christine;
Mérigot l'aîné, vis-à-vis de la nouvelle Salle de l'Opéra;
Mérigot jeune, quai des Augustins;
Belin, rue Saint-Jacques.

M. DCC. LXXXIV.

HISTOIRE
NATURELLE
DE LA FRANCE
MÉRIDIONALE.

MINÉRAUX,
TOME 1.

HISTOIRE
NATURELLE
DE LA FRANCE
MÉRIDIONALE.

MINÉRAUX,
TOME 2.

HISTOIRE
NATURELLE
DE LA FRANCE
MÉRIDIONALE.

MINÉRAUX,
TOME 3.

HISTOIRE
NATURELLE
DE LA FRANCE
MÉRIDIONALE.

MINÉRAUX,
TOME 4.

HISTOIRE
NATURELLE
DE LA FRANCE
MÉRIDIONALE.

VÉGÉTAUX,
TOME 1.

HISTOIRE
NATURELLE
DE LA FRANCE
MÉRIDIONALE.

MINÉRAUX,
TOME 5.

HISTOIRE

NATURELLE

DU DIOCÈSE

D'AGDE.

Tom. V.   A

HISTOIRE

NATURELLE

DU DIOCÈSE

D'AGDE.

CHAPITRE PREMIER.

Récapitulation des Volumes précédens.
Avant-propos. Géographie physique du
Diocèse d'Agde quant à la forme exté-
rieure du sol. Géographie phsiyque quant

à la disposition naturelle des montagnes
de diverse nature. Bords de la mer.

NOUS avons suivi la chaîne des montagnes Vivaroises : nous avons observé quelques contrées du Forez, du Valentinois, de l'Auvergne & de l'Uségeois, & montré les anciens travaux du monde physique. Dans le quatrieme Volume enfin, nous avons exposé, dans un seul corps d'ouvrage, la succession Chronologique de plusieurs évènemens tant anciens que modernes. Aujourd'hui nous continuons, toujours avec la même méthode, & suivant les mêmes vues, les descriptions locales, en observant les bords de la mer, l'embouchure du Rhône, ses atterrissemens, &c. La comparaison de ce sol à celui de nos hautes montagnes doit offrir quelques conclusions que nous établirons un jour : alors nous écrirons le systême de la Nature, soit d'après les observations de plusieurs Voyageurs, ou des Naturalistes distingués qui ont décrit en détail quelques faits remarquables ; foit d'après celles que nous avons faites nous-même dans les Provinces méridionales de la France : ayant foin de n'établir pour fondemens de nos réfultats , que des obfervations avérées ; éloignant de nous toute idée hypothétique.

Mais en reprenant aujourd'hui notre travail avec le même zèle que nous l'avons commencé, nous nous croirions coupable d'ingratitude & d'infenfibilité fi, à la tête de ce cinquieme Volume, nous ne témoignions toute la reconnoiffance dont nous fommes pénétrés envers les perfonnes qui ont honoré cette entreprife de leur foufcription , de leur fuffrage , ou de leur faveur : nous fommes perfuadés que cet intérêt qu'on a bien voulu prendre à notre travail, eft un effet de la pure bienfaifance des gens de bien, qui aiment à encourager un jeune homme qui témoigne du zèle, de la bonne volonté & du défir de s'inftruire. Nous ne fommes point dignes de leur faveur; mais nous fouhaitons ardemment de la mériter.

A 3

Quant aux obſtacles qu'on a oppoſés à cette entrepriſe, nous déclarons qu'aucun ne ſera jamais capable d'abattre notre courage ; qu'on s'attende à trouver une réſiſtance qui durera autant que la vie ; une patience invincible dont l'énergie augmentera encore, à meſure que les obſtacles ſe multiplieront : juſqu'à ce qu'enfin nous ſoyons parvenu au but propoſé dès le commencement de cette entrepriſe ; but honnête, approuvé des gens de bien, & que nous ne pouvons abandonner, lors même qu'il exiſte quelques perſonnes auxquelles ce travail n'a pu devenir agréable, & que nous déſirons véritablement de mettre dans notre parti. Heureux au moins, comme le diſoit un célèbre Écrivain, heureux encore de ſurmonter ces ſortes de difficultés avec le temps. Pour parvenir à ce but plus aiſément, nous varierons nos occupations, nous chercherons dans un autre genre de travail, notre délaſſement & nos récréations.

Et pour ce qui eſt des critiques, ou que l'Ouvrage mérite, ou qu'on croira pou-

voir former contre les raisonnemens ou
les observations qu'il renferme : nous
offrons toujours à ceux qui voudront
nous honorer de leurs remarques, de
les inférer dans un de nos Volumes :
nous persistons dans la résolution d'être
l'Éditeur de celles qu'on imprimera ;
nous tirerons enfin des critiques assai-
sonnées de plaisanterie, ou suivies d'in-
jures, si toute fois nous devons être en
butte, à notre tour, à la malignité ; nous
extrairons tout ce qu'elles contiendront
de raisonnable ou de sérieux pour en
former un corps d'observations utiles,
renvoyant à la saison du délassement,
toute discussion polémique : persuadé
que si dans la Littérature les disputes
des Gens de lettres font souvent perdre
des journées précieuses, elles décou-
vrent toujours dans les sciences quelque nouvelle vérité. Après ces remarques préliminaires, passons au bord
de la mer, observons l'ouvrage de l'é-
lément liquide : à côté de l'histoire des
montagnes les plus élevées & les plus
antiques, plaçons la description du ri-

vage des Mers, & le travail récent des Rivières & des Fleuves ; la variété éclaire, elle plaît, elle soulage l'esprit dans ses méditations.

2026. De petites montagnes calcaires, peu inclinées vers la Méditerranée, forment les lieux les plus élevés du Diocèse d'Agde ; une plaine longitudinale en est le bas fond ; les étangs de Thau, de Bagnas, & quelques marécages séparent cette plaine d'un banc de sable qui regne au bord de la mer ; & la roche, ou plutôt la montagne rapide de Cette, semble s'élever du sein des eaux. Voilà en peu de mots la Topographie de cette contrée.

La riviere d'Herault partage en deux la région calcaire supérieure. Elle reçoit de petits ruisseaux dont le lit a été formé dans les roches calcaires & marneuses, ou dans des coulées de basalte le plus dur.

Bessan, Florensac, Pomerols, Pinet, Loupian, occupent la plaine inférieure; elle est formée d'un sable superfin, que le produit de la végétation a changé, à la longue, en terres végétales fortes, les plus fertiles de la France. La bafe de cette terre mouvante eft calcaire & marneufe, d'où provient fans doute la fécondité de ce territoire.

2027. Cette petite plaine eft très-peu élevée au-deffus de la Méditerranée ; un étang peu profond la fépare de cette mer. Les États de Languedoc ont fait bâtir un Pont entre Cette & Frontignan qui le traverfe : cet ouvrage impofant, mérite d'être mis en parallèle avec ceux des Romains.

2028. A Beffan, un grand plateau de laves qui règne jufqu'à Saint-Tiberi, s'étend fur une vafte plaine, où la rivière d'Herault femble avoir été dérangée dans fon cours ; fes eaux ne peuvent miner, en effet, auffi aifément le terrain bafaltique très-folide, que les roches marneufes & calcaires vers lefquelles elles ont devié auprès de Florenfac. Le fyftême de ces volcans s'étend toujours, felon le cours de l'Herault, vers Pefenas & dans les environs.

2029. Mais c'eft à Agde même & à Brefcou, pic volcanique baigné des eaux

de la mer, qu'il faut obferver les monumens de ces incendies fouterrains; il n'eft
rien de plus étonnant que le fyftême
des coulées, & l'enfemble des maffes.

Le volcan de la Cremade qui paroît
avoir vomi ces reftes volcanifées, eft
fitué au bord de la mer, & ce produit
du feu forme un terrain qui s'avance
vifiblement dans le baffin de la Méditerranée : nous en donnons ici la defcription & l'hiftoire.

CHAPITRE II.

Histoire naturelle des volcans sous-marins & des volcans du continent situés dans le Diocèse d'Agde. Volcan de la Cremade. Description du plateau basaltique qu'il a vomi : coulées superposées de laves. Il est probable que la mer a submergé divers courans situés aujourd'hui hors du sein des eaux. Cratère de la Cremade. Vue des hauteurs de la montagne de St. Loup. Lave des bords de la mer en proie aux flots. Description du volcan sous-marin de Brescou. Découverte de sa bouche ignivome. Observations de M. de Vaugelas. Noyau granitique projetté avec la lave du sein du volcan : étymologie du mot Cremade. Observations de M. l'Évêque d'Agde. Du feu sous-marin de quelques volcans.

2030. LA Ville d'Agde située au bord de l'Herault, est éloignée d'environ un demi-quart de lieue de la montagne de

la Cremade, qui a vomi vraifemblable-
ment les laves fur lefquelles la Ville eft
bâtie : cette production volcanique eft
une efpèce de bafalte noir, fort compacte, & néanmoins fpongieux. La Ca-
thédrale eft un des principaux monumens qui en font bâtis.

2031. Depuis la ville d'Agde jufqu'au
volcan d'où font forties toutes ces laves,
on ne trouve que des territoires volcanifés ; on obferve à gauche un puits
creufé dans le bafalte vif & compacte.
On continue enfuite la route dans un
chemin pratiqué dans la lave, ou dans
des couches diverfesde pouzolanes, de
laves poreufes & pulvérifées. Ces couches de laves amoncelées font quelquefois divifées par des fentes, forte de
retrait de la matière rempli de criftalli-
fations fpathiques. La formation de ce
fpath calcaire eft par conféquent pofté-
rieure au refroidiffement des laves, &
ne peut être occafionné que par le fé-
jour des eaux de la mer, inondant autrefois les émanations inférieures de ce
volcan. Il paroît en effet que les cou-

rans de laves ont coulé fous les eaux maritimes qui n'en font point encore fort éloignées. (*Voyez la Carte de cette région dans cet ouvrage, Tome IV, pag. 135.*) A mefure qu'on s'approche du grand cratère A, on trouve à droite en venant du côté d'Agde, dans la vigne du nommé *Miracle*, d'autres preuves de l'ancienne élévation des eaux maritimes au-deffus des courans inférieurs de lave.

2032. Le propriétaire de cette vigne ayant défriché depuis peu ce territoire volcanifé, en a applani peu-à-peu le terrein, en le foutenant par diverfes murailles fituées les unes fur les autres, en forme d'amphitéatres : la coupe perpendiculaire de ce fol découvert m'a offert une furface verticale, & des courans de lave fuperpofés. J'ai obfervé fupérieurement des couches de lave pulvérulente à peu près horifontales, & dans cet attériffement j'ai trouvé quelques reftes de matiére calcaire fort menus, ouvrage de la mer, & j'ai reconnu l'effervefcence avec les acides : ce qui m'a confirmé dans cette croyance, ce font quelques

détrimens de coquilles ; enfin j'ai confervé un bloc de lave fpongieufe dont
les bulles font hériffées intérieurement
de criftaux fpathiques qui font effervefcence avec l'eau forte, ce qui confirme
cette vérité.

En s'approchant d'avantage de la mer
& du centre des monts volcanifés, on
fe trouve bien-tôt entouré de cinq à fix
montagnes ou petites collines toutes volcanifées, & comme on ne peut reconnoître de ces endroits enfoncés le fyftême ni l'architecture extérieure du volcan, il faut monter fur la montagne de
St. Loup du côté de Cette, & fe porter
fur le fommet pour obferver, en domi-
nant ainfi fur tous les territoires volcanifés, la pofition de l'ancien cratère &
des courans qui en fortirent.

2033. En montant donc vers le fommet de la montagne de St. Loup, on
paffe à travers des blocs de lave po-
reufe, jaunâtre, légère, très-friable,
fouvent farcie de noyaux calcaires &
même granitiques : dans divers endroits
on s'enfonce dans les débris mobiles de

la lave jufqu'aux genoux : on arrive au fommet du volcan.

2034. Quel fpectacle frappant fe préfente aux yeux de l'Obfervateur ! il domine d'un côté fur les eaux de la Méditerranée, dont les flots ou les vagues viennent fe brifer contre un rivage formé des débris du volcan. Il reconnoît dans la butte de Brefcou, le refte d'un autre ancien volcan démantelé par l'action des temps & des vagues de la mer irritée. Il voit comme fous lui les magnifiques plaines du diocèfe d'Agde, forties plus récemment du fein des eaux. Cette hauteur offre tant de beautés que je ne fus pas furpris d'y trouver le fépulcre de quelque perfonnage fingulier, qui voulut être inhumé dans un terrain qui avoit pu faire fes délices.

C'eft du haut de ce lieu qu'on obferve enfin l'enfemble du volcan, la correfpondance mutuelle de fes courans, & leur ancienne connexion détruite aujourd'hui, après le long paffage des courans d'eau.

2035. La grange appellée *Dubois*, appartenante à l'Évêché, paroît être fituée vers le centre du cratère; elle eſt environnée de divers monticules de lave, dont l'enſemble forme le ſyſtême général d'une montagne à cratère; mais d'un cratère énorme, qui projetta à droite & à gauche, & dans le ſein de la mer voiſine, un horrible torrent de matières enflammées & fondues.

De ce cratère on paſſe vers le bord de la mer; les vagues ont uſé ou arrondi la plûpart des laves poreuſes qu'elles détachent du courant, & ces laves ſont mêlées avec toute ſorte de coquilles dépoſés par les eaux; ce qui démontre clairement que les eaux de la mer changent en cailloux roulés les blocs mobiles qu'elles ont détachées de la roche voiſine. Cette ſeule obſervation prouve que les eaux des rivières ne forment point excluſivement les atterriſſemens & les cailloux roulés.

2036. Du volcan d'Agde on paſſe à celui de Breſcou. La deſcription qu'en a faite M. de Vaugelas Naturaliſte, établi à Agde, eſt trop intéreſſante pour ne pas donner ici en entier celle de ce Savant:

Savant : voyez la fituation de ce volcan dans la Carte du IV. volume,
page 135.

“ Entre les veftiges frappans d'un
» volcan qui a exifté dans les environs
» d'Agde, & principalement au Sud-
» eft de la montagne de St. Martin,
» fur le rivage de la mer; on a eu en-
» core occafion d'en avoir des preuves
» non équivoques au fort de Brefcou,
» quoiqu'il foit ifolé en mer, & éloigné
» de la terre d'un mille, & que le ro-
» cher fur lequel il a été conftruit foit
» prefque au niveau de la mer. »

“ Il fut pratiqué en Juillet & Août
» 1775, une efcavation dans le centre
» du Fort, pour y conftruire une fe-
» conde citerne, & lorfqu'on fut par-
» venu à la profondeur d'environ 15
» pieds, on trouva un vide irrégu-
» lier, d'où partoient plufieurs con-
» duits inégaux, dont les directions
» étoient différentes. »

“ Les formes variées, les bouches
» tantôt circulaires, tantôt ovales pou-
» voient avoir depuis douze, jufqu'à

Tom. V.   B

„ vingt-un pouces de diamètre; le tout
„ étoit enduit intérieurement d'une
„ matiére vitrifiée. „

« Parmi ces tubes multipliés, il y
„ en avoit cinq principaux, dont la lon-
„ gueur étoit plus ou moins considé-
„ rable, & qui communiquoient en-
„ femble, par le moyen d'autres vides
„ qu'on obferva à peu de diftance du
„ premier, vers le rocher appellé *Ro-*
„ *che-Gallere* : tout cela donnoit des
„ indices de feu que le laps du temps
„ n'avoit pu effacer. „

« Dans le vide de ces tubes & ré-
„ fervoirs que la violence du feu avoit
„ ouvert, malgré la qualité de la pierre
„ qui eft très-réfractaire, on a trouvé
„ des cendres, des laves, de la pou-
„ zolane, des pierres calcinées, fulfu-
„ reufes, ferrugineufes, &c. qu'on a
„ ramaffées avec la plus grande aifance,
„ parce qu'elles étoient mouvantes &
„ détachées du rocher. „

« Si d'après ce fait, & examen du
„ rivage de la mer, il étoit permis d'éta-
„ blir une conjecture, on pourroit
„ croire qu'il y a eu autrefois une mon-

» tagne confidérable dans le même en-
» droit, où eft Brefcou & tous les en-
» virons, jufqu'à une grande diftance
» dans la mer; & que cette montagne
» a été engloutie fous les eaux, pen-
» dant l'éruption violente de quelques
» volcans. »

« On ne peut révoquer en doute l'af-
» faiffement de la terre dont il eft men-
» tion, on n'a qu'à fuivre la côte ma-
» ritime des environs de Brefcou, &
» l'on verra des crevaffes nombreufes,
» qui font comme une chaîne tout le
» long du rivage. On trouve même
» dans cette partie des veftiges de la
» violence du feu, qui a exercé fes ra-
» vages à nud fur ces parties. Les bords
» efcarpés du rivage préfentent l'af-
» pect de l'intérieur des cavernes qui
» ont été la proie de la rapacité des
» flammes, qui, ayant dévoré tout l'in-
» térieur, en ont été affoiblies dans
» leurs parois, & ont été forcées de
» s'écrouler fur elles-mêmes. »

« Le fond de la mer dans cette par-
» tie, laiffe voir de loin une fuite de

,, rochers, dont la qualité eſt la même ,, que celle que l'on trouve ſur le ri- ,, vage ; ce qui témoigne que le feu a ,, exercé ſon empire dans cette partie. ,,

" Ces différens faits rendent les con- ,, jeƈtures de l'Obſervateur très-proba- ,, bles ; mais il n'oſeroit inſiſter plus ,, long temps, dans la crainte qu'on ne ,, pût croire, qu'il regarde comme un ,, fait très-certain, ce qu'il prétend ne ,, donner cependant que comme une ,, ſimple conjeƈture. ,,

2037. Je ne dois pas paſſer ſous ſilence la découverte d'un noyau de granit trouvé dans deux blocs de lave, du volcan de la Crémade ; ce bloc fut ſans doute projetté avec les laves vomies du fond ſolide de la mer, où cette pierre doit ſe trouver à une profondeur inconnue, mais conſidérable. Ce noyau prouve au moins que cette ſorte de pierre ne ſe trouve pas excluſivement dans les continens, ni dans les plus hautes élévations du globe ; puiſque le volcan dont le foyer eſt ſitué au-deſſous de la mer, en a ſoulevéce morceau, du ſein des eaux.

2038. Je dois obferver auffi que fi nos volcans des continens ont leur noms fignificatifs, & fi chacun de ceux du Vivarais ont une fontaine d'eau minérale; celui que je viens de décrire s'appelle encore la *Crémade*, du mot latin *cremare*. D'un autre côté il n'eft pas éloigné des eaux thermales de Balaruc, ni de celles de la montagne de Cette.

Enfin, la végétation dans toute cette Contrée eft brillante & active. Les vignes de l'Évêché fituées dans un fol volcanique, donnent un vin d'un goût particulier très - agréable. Il feroit à fouhaîter que le Prélat de cette Ville publia les defcriptions qu'il a faites des volcans de fon Diocèfe. Les Savans recevroient ce travail avec toute la reconnoiffance due à ce digne Pafteur, qui s'occupe, dans fes loifirs, des Phénomènes de la Nature; étude faite pour les belles ames.

2039. Les Naturaliftes doivent à ce Prélat une obfervation coûteufe, mais féconde en réflexions. M. l'Évêque d'Agde ayant fait creufer un puits dans

la lave, cette émanation du volcan paroiſſoit encore ſous le niveau de la mer;
le fond du courant de laves n'eſt donc
point connu, & cette obſervation eſt
analogue à celle que M. Hamilton, Mi-
niſtre de la cour de Londres à Naples,
a faite en Italie. Cet Hiſtorien du Vé-
ſuve a obſervé des coulées de lave encore au-deſſous du niveau de la mer.

2040. Toutes ces obſervations confirment que le feu des volcans brûle
d'un feu couvé, ſouterrain, ſitué ſous
le niveau des mers, & même au-deſſous de leurs baſſins, ſans être alimenté
par l'air atmoſphérique; & nous obſer-
verons ailleurs quelles objections on
peut préſenter à cette vérité.

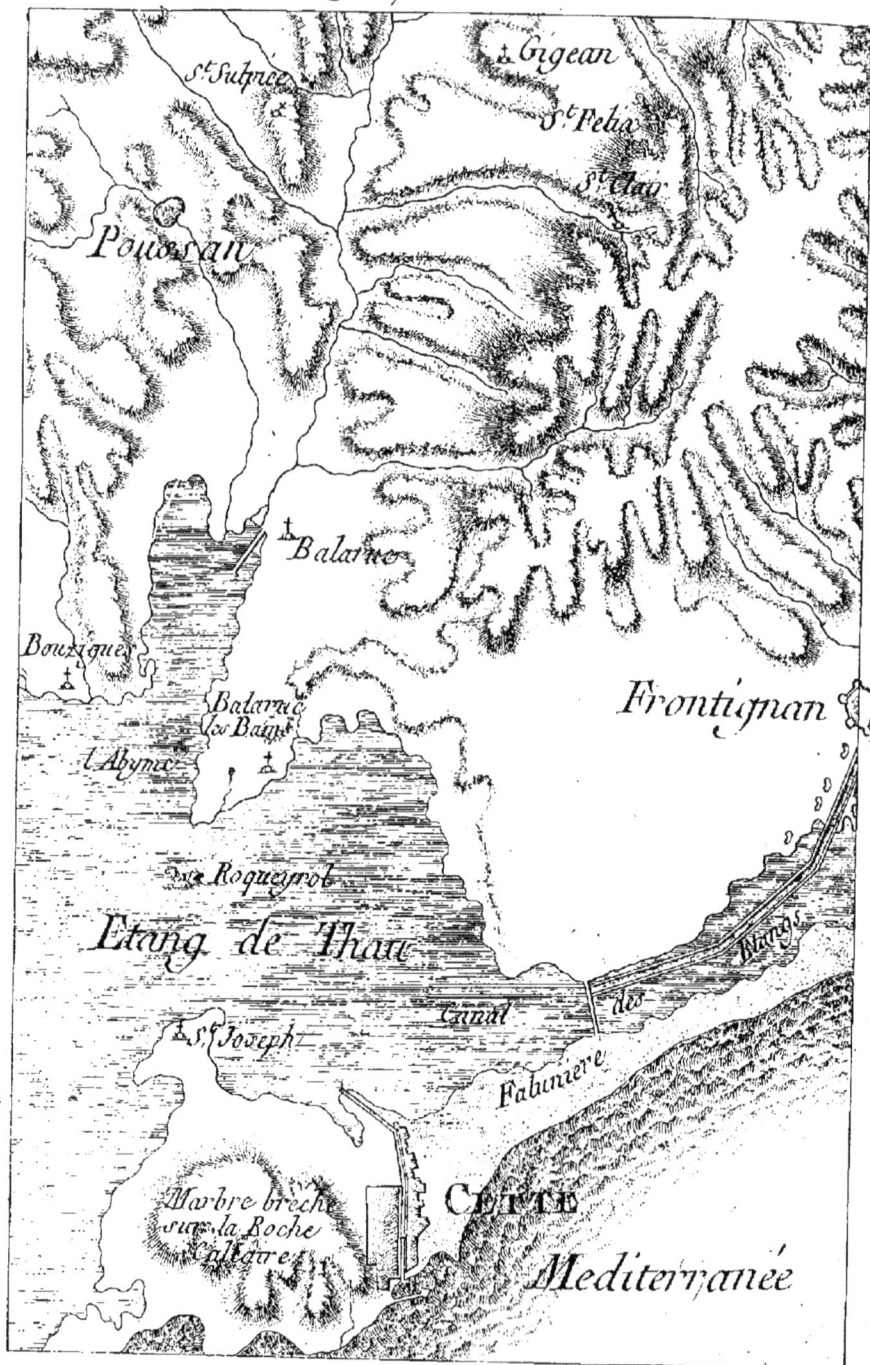

Gigean

St Sulpice

St Felix

St Clair

Poussan

Balaruc

Bouziques

Balaruc
les Bains

Frontignan

l'Abyme

Roqueyrot

Etang de Thau

les Aresquiers

S.t Joseph

Canal   des

Fabriere

Marbre breche
sur la Roche
Colliare

CETTE

Mediterranée

CHAPITRE III.

Hiſtoire Naturelle de la montagne de Cette. Deſtruction des montagnes adjacentes. Époque de cette deſtruction. Preuves. Marbre poudingue ſur la montagne. Formation & deſtruction des roches calcaires par l'eau. Oſſemens pétrifiés. Obſervations ſur le rivage de la mer. Eaux thermales. Récapitulation des faits obſervés dans le Diocèſe d'Agde.

2041. Du ſein de la Méditerranée d'un côté, de l'étang de Thau de l'autre, s'éleve la montagne de Cette, inſpirant l'étonnement au Voyageur, & au Naturaliſte le déſir d'obſerver cette ſinguliere roche, que l'agriculture a changée, pour ainſi dire, en une magnifique montagne cultivée de tous côtés, & diſpoſée en amphitéatre. Voyez la gravure que nous avons donnée de cette montagne, planche premiere.

2042. Cette roche eſt calcaire, elle

B 4

eft donc l'ouvrage de la mer : mais la
mer ne lui a point donné la forme fous
laquelle elle fe préfente aujourd'hui ;
cette roche tenoit à d'autres roches,
& l'on trouve ici la confirmation de deux
grandes vérités que j'exprime de la
forte. 1°. La mer a formé des maffes
de pierres calcaires, en grand. 2°. Le
tems & les révolutions phyfiques ayant
abaiffé le niveau de ces eaux, les courans des eaux pluviales ont détruit à
la longue ces formes primordiales.

Les montagnes adjacentes ont été
ainfi détruites, & il ne refte que la
butte de Cette, pour ainfi dire, de ces
anciens matériaux fabriqués par la mer.
Cette roche expofée aujourd'hui, non
fous les flots de la mer, mais à toute
intempérie de l'atmofphère , eft foumife aux caufes deftructives de l'air &
des eaux pluviales qui adulterent l'ancien ouvrage de cette mer.

2043. Cette dégradation eft même
fort ancienne dans l'Hiftoire Chronologique des faits de la Nature : car la
roche de Cette ayant été contigue au-

trefois à d'autres roches voifines, &
l'action de toutes les eaux courantes
ayant féparé les maffes, il refte encore
fur la montagne même de vrais marbres poudingues, qui ne font qu'une
aglutination, qu'une vraie pétrification
fecondaire, formée des débris de toutes
ces anciennes roches : ce font là les
reftes de ces montagnes adjacentes ; &
ces reftes encore ftationnaires fur ces
lieux élevés, donnent la folution d'un
problême curieux d'Hiftoire Naturelle;
favoir, la préfence d'un poudingue fur
une haute roche ifolée qui s'élève ma-
jeftueufement du fein des eaux de la
Méditerranée.

2044. L'élément liquide ne refte
donc jamais en repos dans les divers
âges phyfiques du monde : non-feulement il eft foumis à toutes les actions
du feu & de la chaleur qui le volatili-
fent, le divifent, le tiennent dans un
état de fufion, &c.; mais cet élément
liquide s'approprie encore les molécules élémentaires de la terre, les tient
en diffolution, leur permet de criftal-

lifer, de former de roches en grandes
maffes, il les détruit enfuite en la changeant en blocaille, même en cailloux
roulés, en fable, en pouffiere, & forme
de tous ces débris des atterriflemens
fouvent aglutinés, changés en roches
fécondaires, femblables à cette matière
poudingue que j'ai trouvée fur la montagne de Cette.

2045. Ce poudingue, ou brêche, eft
compofé, tantôt de blocailles, tantôt
de petits cailloux roulés, calcaires; un
fpath fort dur en eft le gluten; il remplit des vides que l'on croit exifter
néceffairement entre les morceaux provenus du débris d'autres roches; &
cette roche ainfi compofée eft d'autant
plus intéreffante, qu'elle renferme des
offemens. Il eft difficile, je penfe, de
déterminer l'efpèce d'animal auquel ils
appartiennent; je crois néanmoins que
c'eft un refte de quadrupède : on peut
en juger par la Gravure que je joins ici,
planche II. Le bloc de marbre poudingue qui renferme cet os, eft aujour-
d'hui dans le Cabinet de Madame

de ... C.... ✳ ✳ ✳ A Paris.

2046. L'eau maritime, ou fluide, a donc formé à plufieurs reprifes ce morceau de poudingue, & ces diverfes dates qui paroiffent fi minutieufes, doivent être exactement obfervées par le Naturalifte, qui ne veut pas tout confondre, comme le Nomenclateur, qui affimile, ou réunit les ouvrages de la Nature les plus difparates. En effet, cet élément forma d'abord les roches dont les débris & la blocaille ont été la matiere premiere du poudingue. En fecond lieu il cimenta ces reftes hétérogènes pour en former un tout fécondaire, mais continu. 3°. Le retrait des parties ayant fracturé dans des temps poftérieurs cette roche compofée, l'eau pétrifiante a criftallifé de nouveau, dans les vides formés par retrait; & l'on ne peut qu'admirer dans ce poudingue quelques petites veines, ou irruptions de parties, remplies d'un fpath analogue à celui qui aglutina primitivement toutes les parties.

Au refte, ce fpath a été fi pénétrant,

& il y a une telle force, ou une telle division dans fes parties conftituantes, qu'il s'eft infiltré dans la moelle & aux vides intérieurs des offemens. J'ai vu les plus jolis criftaux fpathiques formés par l'eau, dans la capacité intérieure des os.

2047. Voilà ce qui eft contenu dans la roche poudingue; cette roche elle-même a pour bafe la pierre calcaire qui forme la montagne de Cette; & il eft vifible qu'elle eft de formation plus récente que fa pierre fondamentale. La roche de Cette calcaire, renferme peu de coquilles pétrifiées : j'ai vu quelques ammonites abfolument changés en pierre, de même nature que la roche contenante; de forte que l'ancienne mer qui a formé cet ouvrage, & dépofé les anciens habitans de fon fein, a vu périr des efpèces qui n'exiftent plus dans ce climat, comme je l'ai obfervé. (Tome I. pag. 12, &c.

2048. La ville de Cette eft bâtie en partie fur le penchant de la montagne : on découvre de ces hauteurs le magni-

fique aſpeſt de la mer; on voit en grand,
comment ſes flots viennent ſe briſer ſur
cette grande roche qu'ils attaquent du
côté de l'Orient & du côté du Midi. La
Méditerranée continue ainſi chaque
jour à détruire ſon ancien ouvrage,
pour en former d'autres d'une autre
genre. Tandis que ſéparée de l'étang de
Thau par des falunieres ou des ſables,
ſes flots plus tranquilles du côté du
Nord, ne détruiſent cet ouvrage que
très-lentement.

2049. Les eaux de la Méditerranée
éprouvent continuellement un courant,
d'Orient en Occident: un autre courant
viſible à la ſurface de la mer, pouſſe
l'eau en temps calme vers les bords, &
des vagues paralleles viennent par ondes
battre le rivage; cette double agita-
tion, ce mouvement compoſé a ſéparé
l'étang de Thau de la Méditerranée:
car il met en mouvement le ſable quartzeux le plus fin charié par le Rhône;
ce ſable ſe mêle avec les débris des coquilles, tout cela forme un terrein mobile qui ſuit dans ſes mouvemens l'im-

pulfion de l'eau; les vagues fe jettent fur le rivage; il fe fait des fuperpofitions de couches mouvantes que la vague délaiffe en fe retirant, & ces fables abandonnés par les courans, ont féparé enfin la mer de l'étang.

2050. La montagne de Cette eft donc environnée des eaux de la mer; circonftance remarquable, fi l'on fait attention qu'on a découvert des eaux chaudes fur cette montagne en 1775, analogues à celle de Balaruc, & d'un même dégré de chaleur. Les deux fources font diftantes cependant, d'environ 3500 toifes. Les deux courans d'eaux minérales, outre cet éloignement, font féparés par l'étang de Thau, ce qui porté à conclure, que fi ces deux fontaines minérales font des branches du même tronc fouterrain, leur communication, ou au moins la matiere qui les échauffe, eft fituée à une très-grande profondeur. L'afpect du local prouve même cette obfervation : car le foyer de chaleur n'eft point certainement dans le cœur de la montagne de Cette, qui eft fimplement calcaire , fans minéraux & fans pyrites.

C'eſt à Louis XIV. que la ville de Cette doit ſon exiſtence; ce Monarque né pour les plus grandes entrepriſes , voulut faciliter la ſortie des denrées de Languedoc, Province ſi fertile , qui produit tout ce qui manque aux Nations du Nord de l'Europe. Avant le regne de ce Roi, la montagne de Cette preſque inculte, n'étoit connue que de quelques pêcheurs.

RÉCAPITULATION.

2051. On voit par ce Précis, combien l'Hiſtoire Naturelle du Dioceſe d'Agde intéreſſe les Naturaliſtes & les Phyſiciens; il conſte en effet, 1°. qu'un volcan ſous-marin s'eſt fait jour à Breſcou , en s'élevant de deſſous les eaux maritimes.

2° La roche de Cette formée par un dépôt de l'ancienne mer, renferme des pétrifications qui repréſentent des coquilles qui n'habitent plus la Méditerranée.

3°. Cette région volcanifée offre diverfes fontaines d'eaux minérales, éloignées ; mais de même nature, & de même dégré de chaleur.

4°. Ces fontaines font féparées cependant par un grand étang, qui eft un vrai bras de mer.

5°. Cet étang environné d'anciens volcans, eft fujet à être tourmenté par de terribles orages.

6°. Enfin, du fein des eaux s'éleve la roche de Cette, qui porte fur elle-même & dans elle-même des roches poudingues, des offemens & des débris pétrifiés de diverfes roches encore plus anciennes. Nous expoferons ailleurs les vérités qui dépendent de ces obfervations locales.

Fin de l'Hiftoire Naturelle du Diocèfe d'Agde.

HISTOIRE

Brèche de la Montagne de Cette avec ossemens

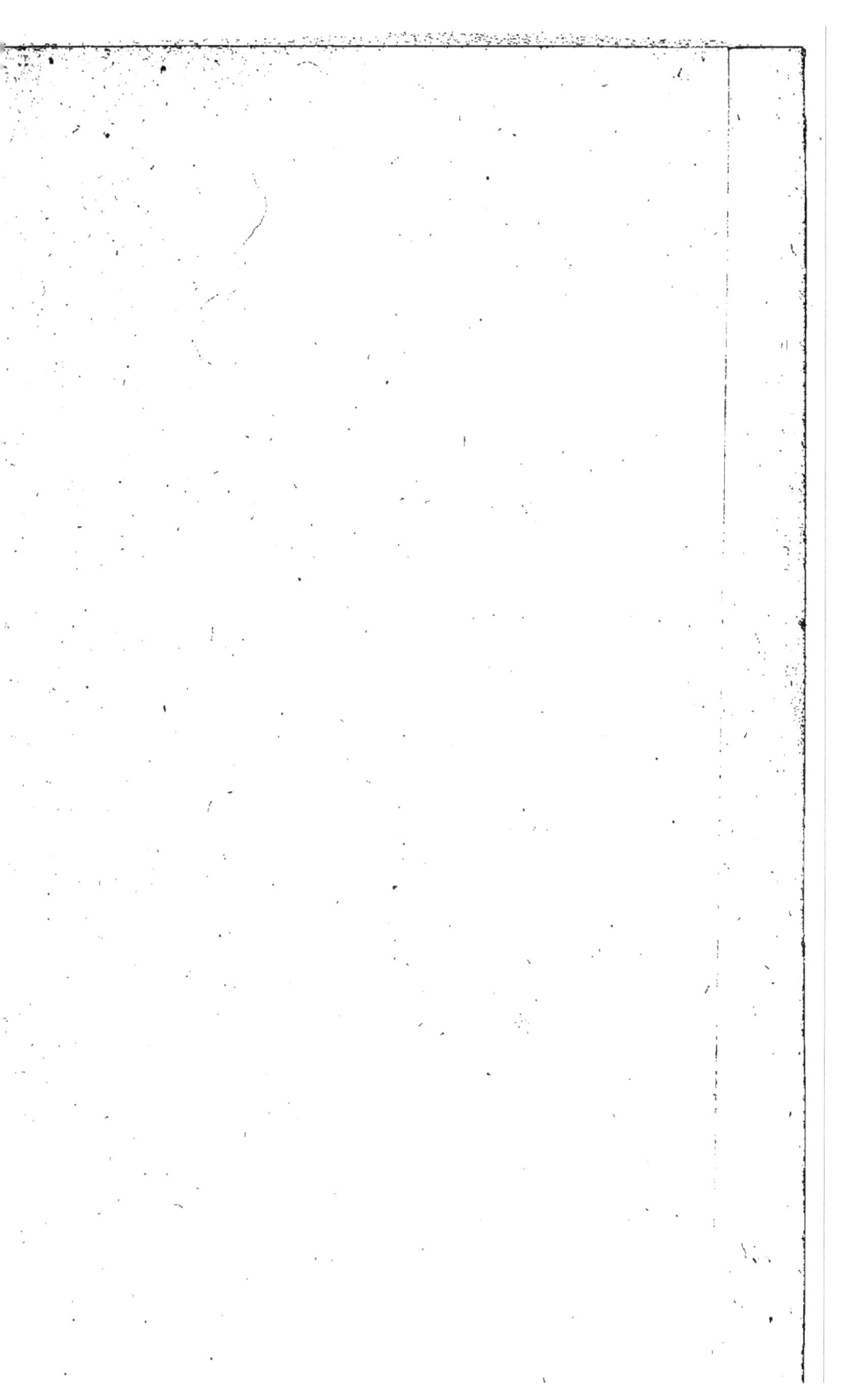

la Verme

St Jean

St Martin

Continent Melgore

Continent Sabloneus

Montpellier

Montels

St Hilaire

Mentenberon

Soriech

Continent Marecageus

Villeneuve

Lattes

St Marcel

Perols

Etang de Perols

Etang de Maguas

Vendargue

St Aunes

Mezouls

Mauguio

Magnelonne

Etang

Canal

Sable et Fabin

Grau de Palavas

Grau de Perols

Mer Mediterranée

Direction du Courant Sous-marin

HISTOIRE

NATURELLE

DU DIOCÈSE

DE MONTPELLIER.

Tom. V.　　　　　　C

HISTOIRE
NATURELLE
DU DIOCÈSE
DE MONTPELLIER.

CHAPITRE PREMIER.

*Géographie physique du Diocèse de Mont-
pellier. Division naturelle de son territoire en trois portions, les Contrées
montagneuses, les plaines inférieures,
les étangs & marais. Forme longitudinale & parallele des étangs, avec le
bord de la mer. Séparation de ces
étangs d'avec la mer Méditerranée.*

C 2

*par des bancs de fable. Formation
journalière de ces bancs. Fertilité du
fol. Vraie caufe de la fertilité des
champs, Des contrées montagneufes
fupérieures, relativement à la végétation. Plaines du bas fond des Vallées.*

DANS les territoires du Diocèfe de Montpellier, où paffent des rivières 2052. confidérables, la forme du fol eft en gé-néral affez régulière : on trouve même dans le bas fond des vallées arrofées par ces rivières, des plaines délicieufes. Ces lieux moins difficiles foulagent l'Obfer-vateur fatigué; ils récréent la vue, & font fuccéder le calme de l'efprit à l'étonnement, & même à la crainte; fentimens infpirés par fes vaftes dé-ferts, & par le défordre des roches en-taffées qu'on trouve de toute part dans la partie moins cultivée du Diocèfe.

Cette confufion fingulière paroît dans prefque toute la contrée montagneufe du Diocèfe de Montpellier; car il faut diſtinguer , dans cette portion du Languedoc.

2053. I°. Le ſol montagneux ſupérieur. 2°. Le pays plat qui vient après. 3°. Les marécages qui bordent la mer, dont les courans & les vagues ont établi, tantôt des amas informes de ſable changés en marais, & tantôt des dunes longitudinales dirigées dans un ſens parallèle aux bords de la mer; ce qui a formé des étangs qui environnent la Méditerranée. On doit conſulter à ce ſujet la carte phyſique de ce Diocèſe, inférée dans ce Volume, Planche 3.

Le ſyſtéme de la Nature ſe préſente donc ſous trois aſpects principaux dans le Diocèſe de Montpellier. Le continent ancien, calcaire, montagneux & ſupérieur , forme le premier département.

Le continent plus moderne, calcaire, terreux, ou ſabloneux & inférieur, forme le ſecond : enfin , le continent qui touche de plus près la mer Méditerranée, qui eſt inférieur à tous les autres , & dont les flots actuels de la

mer déterminent la forme géographi-
que, forme le troisième continent.

La mer & ses flots ont agi dans la
formation primordiale de ces trois es-
pèces de terrains ; les eaux des pluies,
& des rivières ont ensuite modifié, &
modifient encore cet ouvrage primitif,
& les deux courans que j'ai observé
dans cette mer, continuent encore aujourd'hui ce travail, comme je vais
l'observer d'une maniere détaillée.

DESCRIPTION DES CONTRÉES MONTAGNEUSES DU DIOCÈSE DE MONTPELLIER.

2054. Lorsque la mer forma les matières calcaires qui constituent les montagnes du Diocèse de Montpellier, elle
dominoit encore sur toutes les élévations ; ses bas fonds étoient une sorte
de vase, dont est résultée cette grande
quantité de matiere calcaire, grisâtre,
& farcie vers le sommet, comme vers
la base, de diverses sortes de coquilles
pétrifiées.

2055. La mer a quitté ces montagnes élevées ; elle s'en est retirée ; non par un mouvement de translation, mais par une diminution réelle de son ancien niveau, comme il sera dit & prouvé dans un autre partie de cet Ouvrage.

2056. Ce terrein recemment mis à sec, livré aux différentes sortes d'intempérie de l'atmosphère, à l'action des eaux pluviales qui arrosoient la surface de ce nouveau continent, fut déchiré en divers sens, & miné dans une infinité d'endroits : de-là cette irrégularité singuliere qu'on observe dans cette partie du Diocèse de Montpellier, recemment sortie du sein des mers, & dont les formes n'ont pu être encore perfectionnées par les forces énergiques de la gravitation qui, unies à l'action dissolvante & entrainante des eaux qui courent sur la surface du globe, abaissent les élévations sourcilleuses de toutes les régions quelconques du globe terraqué, effacent les excavations & les déchirures en les comblant d'atterrissemens, embellissent

C 4

la Nature, élevent des plaines, & cachent sous la terre les roches informes & les précipices.

Voilà la théorie la plus saine, la plus conforme aux opérations connues de la Nature qu'on puisse imaginer, pour expliquer la Géographie physique des plus hautes régions du Diocèse de Montpellier.

DESCRIPTION ET FORMATION DU PAYS-PLAT INFÉRIEUR DU DIOCÈSE DE MONTPELLIER.

2057. Cependant les débris du sol supérieur, remués, pulvérisés & transportés par les eaux courantes, comblerent divers bas fonds, & formerent des plaines immenses. La mer arrosoit encore ces contrées : de sorte que ces eaux versant dans cette mer les débris des montagnes supérieures, il se formoit sous le niveau des eaux, une vase, vrai détriment des montagnes supérieures & des coquilles : alors parut, après la diminution toujours progressive de cette mer, une roche calcaire, secondaire; résultat de l'ancienne terre & de la vase de la mer.

Parcourez ces riantes plaines des environs de Montpellier, ces terres fertiles livrées à toutes les chaleurs caniculaires de la France Méridionale; & voyez comment ce mélange a formé un territoire gras & fertile, le plus fécond de la terre.

DESCRIPTION ET FORMATION DES FALUNIERES, DES BANCS DE SABLE, DES GRAUX ET DES TERRES QUE LA MER REJETTE ET DÉPOSE AUJOURD'HUI HORS DE SON SEIN, TANT DANS LE DIOCÈSE DE MONTPELLIER, QUE DANS TOUTES LES CÔTES DE LANGUEDOC, DEPUIS PERPIGNAN, JUSQU'A L'EM-BOUCHURE DU RHÔNE.

2058. Enfin, après la formation de ce double ouvrage, la mer diminuant sans-cesse, & parvenue au dégré d'abaissement où nous la voyons, forme sous nos yeux son troisieme & dernier ouvrage; favoir, les falunières, les bancs de fable, & les côtes fabloneufes dirigées en forme longitudinale & d'une maniere parallele à fes bords : depuis Perpignan, jufqu'à l'embouchure du Rhône.

2059. Tels font les bancs de fable qui féparent cette mer dans le Diocèfe de Perpignan, de l'étang de Salces & de St. Laurent. Cet étang fe prolonge, & fuit toujours la direction des bords de la mer, & prend le nom d'étang de Leucate, dans le Diocèfe de Narbonne.

2060. A cet étang fuccéde dans le même Diocèfe, celui de la Palme, féparé de la mer par un banc de fable. L'étang de Séjan, toujours dans la même direction, fuccéde au précédent; l'étang de Gruiffau vient après, & ici fe trouve arrêtée cette fuite d'étangs & ces bancs de fable qui les féparent de la mer, parce qu'une chaîne de montagnes trop élévées, connues fous le nom de montagnes de la Clape, viennent fe perdre dans la Méditerranée, & leur élévation empêche les eaux maritimes de jetter, entre deux eaux, la continuation du banc de fable.

2061. Mais ce banc reparoît vers l'Aude, & fépare la mer de l'étang de Fleury. Ce même banc coupé à angles droits par le cours de l'Aude, éloigne encore cette mer de l'étang de Vendres, dans le Diocèfe de Beziers.

2062. Cet immenfe banc de fable forme enfuite les marais de Potirargues, dont les algues pourries & l'eau croupiffante infectent l'air, & répandent dans l'atmofphère des miafmes fiévreux. Cet étang de de Vendres & le marais contigu, forment les bas fonds du Diocèfe de Beziers.

2063. A ce marais & à cet étang fuccédent les fables délaiffés par la riviere d'Hérault, dans le Diocèfe d'Agde : ici les fables ne font pas de même nature, ils contiennent moins des débris de coquilles, & offrent des atterriffemens provenus des hautes montagnes Cévenoles que les eaux pluviales jettent dans la mer, après avoir formé une fpatieufe & magnifique plaine qui précéde l'em-

bouchure. Un plateau de lave trop élevé
fur le niveau de la mer, vers Agde,
empêche que les courans n'ayent con-
tinué la même chaîne de fable & de
falun. Voyez la Carte de ces objets,
tome IV. page 135, où ce plateau B,
B, B. A, eft repréfenté, & le § 1766.
où il eft décrit; mais cette même chaîne
de fable & de débris de coquilles reparoît immédiatement après les effufions
du volcan de la Crémade; il fépare la
mer de l'étang de Lun, & en fe pro-
longeant vers l'embouchure du Rhône,
il la fépare des marais & de l'étang de
Bagnas; les mêmes faluns & terrains
fabloneux s'avancent encore, toujours
dans le même fens; il forment un mur
peu élevé hors du fein des eaux maritimes & intermédiaires, entre la mer
& l'étang de Thau. Mais à Cette, paroît une montagne calcaire (Voyez
dans ce tome V. page 27, la Carte
de cette montagne, & fa defcription
dans les paragraphes 2041, 2050,
& fuivans.)

2064. Dans le Diocèfe de Montpellier, enfin, dans le territoire dont nous décrivons la Géographie phyfique, pénétre la même chaîne de fable ou de falun, qui continue à féparer la mer d'un étang qui a pris le nom d'*étang de Frontignan*; car tous ces étangs ainfi dirigés en long, & fuivant les bords de la mer, ont tous tiré leur nom de la Ville ou Paroiffe du voifinage.

2065. L'étang de Frontignan, celui de Maguelonne, ceux de Pérols, de Mauguio, & du Repaufet, fuccédent aux précédens, fans aucune interruption; de maniere que, lorfque la Méditerranée forme de petits bras de mer, ou avancemens dans le continent, les bancs de fable qui les féparent des étangs, & ces étangs même, fuivent cette *déviation*.

2066. Ce fyftême de bancs & d'étangs varie enfin vers l'approche de l'embouchure du Rhône, & nous obferverons dans le chapitre qui concerne cette partie, les effets réciproques de la mer & du fleuve qui fe jette dans fon fein.

2067. Mais il fuit de ce que nous

avons dit, que la mer rejette hors de
son sein un banc de sable longitudinal
qui s'étend selon le sens de ses bords,
& ce banc de sable est tantôt un amas
de falun, ou un vrai détriment de coquilles, & tantôt un amas de sable superfin, élaboré par l'eau maritime, &
mêlé avec ces débris de coquillages.

2068. Or le falun offre divers phénomènes : on s'aperçoit que toutes les
coquilles fragiles, toutes celles dont
la charpente n'est pas soutenue dans ses
parties, (comme la vis qui peut rouler,
& être aisément remuée par les flots de
l'élément liquide, sans être brisée),
sont triturées, comme si on les avoit
pilées dans un mortier. Les vis au contraire dont la forme cylindrique n'offre
point de parties saillantes, ni fragiles,
ont résisté d'avantage au mouvement.
Les bords cependant de l'ouverture
sont corrodés, les pointes de la coquille sont émoussées, & l'extrémité
aigue, très-souvent coupée.

2069. Pour concevoir donc comment la mer a pu former ces sortes de

bancs parallèles à fes bords, il faut obferver; 1°. qu'elle éprouve fans-ceffe
deux fortes de courans qui, quoiqu'ils
foient dirigés en fens différens, exer-
cent chacun leur effet. Je n'examine
point ici la caufe de ces courans; je veux
décrire feulement leurs directions &
leurs effets.

OBSERVATIONS SUR LES DEUX COURANS DE LA MÉDITERRANÉE.

2070. Le premier courant de la Méditerranée eft dirigé de l'Orient vers
l'Occident. Ce courant règne fur-tout,
vers les bords de la mer, & pénétre
jufqu'au fond du baffin. Cette vérité
eft prouvée, parce que j'ai obfervé que
le fable fuperfin du Rhône, conftam-
ment entrainé au fond des eaux, étoit
porté par le courant vers Aigue-mortes
& vers Cette.

2071. Le fecond courant a fon fiege
vers la fuperficie de la mer, plutôt que
dans l'intérieur de fes eaux; & ce courant par conféquent eft fenfible lorfque

l'atmofphère eft tranquille; car on conçoit que lorfque les vents règnent dans
ces parages, ils doivent effacer le courant. Sa direction eft du centre de la
mer vers fa circonférence, & je crois
que la plus grande, ou la moindre pref-
fion de l'atmofphère en eft la caufe :
l'effet de ce courant, eft de former des
vagues longitudinales, dirigées du centre de la mer vers fes bords, femblables aux vagues qu'on excite dans un
grand baffin d'eau lorfqu'on y jette un
corps; alors on voit des ondes s'étendre au large; d'autres viennent après,
& agitent de mille vagues fucceffives,
orbiculaires & concentriques, toute
l'étendue de la furface.

2072. Toutes ces vagues fuperfi-
cielles que forme la mer, viennent dif-
paroître fur le rivage. C'eft un beau
fpectacle, lorfque affis fur les bords,
vous voyez venir à vous une fuite non
interrompue de vagues, dont la longueur eft parallele aux bords de la mer;
leur bruit monotome invite le Naturalifte fatigué au repos, au fommeil, ou à
la

la tranquillité de l'efprit déja furchargé des idées que préfentent tant de fortes de phénomènes que la Nature a prodigués en ces lieux.

2073 Or, chacune de ces vagues rejette hors de l'eau une petite couche de fable apportée par le courant inférieur dont je viens de parler : & comme chaque vague fupérieure eft prolongée, à perte de vue, tout le long du bord maritime, elle établit auffi fur le rivage une petite couche de fable ou de falun, & les différentes fuperpofitions rejettées du fein de la mer ont formé ainfi, à la longue, ce banc longitudinal fablonneux qui a féparé la Méditerranée de divers étangs ou marécages qui l'environnent dans toutes les côtes de Languedoc.

2074. Voilà l'origine de ces bancs finguliers : le courant intérieur & inférieur de la Méditerranée en a charrié & fourni la matiere premiere ; les courans fupérieurs & fuperficiels lui ont donné fa forme ; & il étoit réfervé aux rivieres de modifier encore ces ouvrages, & de changer les dispositions des deux courans en formant les graux.

2075. Les graux sont des interruptions de ce banc de sable longitudinal; ce sont de vraies portes de communication entre les étangs & la mer, ou entre la mer & les plaines du continent, dont les bas fonds sont arrosés des eaux d'une rivière, telle que l'Hérault, pris pour exemple.

2076. On conçoit en effet que les eaux pluviales ramassées dans les continens, & versant dans la mer ou dans les étangs qui les environnent, ont dû franchir ces obstacles & couper la chaîne de sable, barriere aisée à miner & à ouvrir.

2077. C'est par les graux que se fait la communication des eaux de la mer dans les étangs, ou des étangs dans la mer; & ils permettent l'entrée des eaux pluviales dans la Méditerranée qui est leur bassin inférieur & naturel, dont elles ne sauroient plus sortir que par évaporation.

2078. En général, ces sables & ces faluns sont stériles. Des algues & les

plantes analogues de cette famille réuf-
fiffent dans les plus bas fonds où l'eau
croupit ; les joncs y font remarquables ;
mais ce terrain recemment forti du fein
des eaux eft encore infécond & incapable
de nourrir d'autres plantes. La fertilité
ne domine fur la furface du globe, que
dans les amas de terre qu'une longue
fucceffion de végétaux pourris & dé-
compofés a enrichi d'une grande quantité de débris des êtres organifés. Dans
les continens même, les roches calcaires qui doivent leur formation à la mer,
font infécondes, lorfqu'étant dans un
état de pulvérulence ou de décompofi-
tion, elles n'ont pas été encore mélangées avec les terres végétales, Et
cette terre calcaire, fimple & origi-
nelle qui fertilife les terres fi puiffam-
ment, lorfqu'elle eft unie à la terre
quartzeufe, & au détritus de fubftances
organifées, ne peut, elle feule, fournir
aux végétaux, les principes de leur ac-
croiffement & de leur fécondité ; vérité
qui s'étend dans toutes les claffes des
terres fimples non mélangées : car le

fable qui eſt un détriment, ou du grés, ou des montagnes granitiques, la lave même pulvériſée, le fable des rivières dépouillés par les eaux des détrimens des êtres organiſés, toutes les terres ſimples & non mélangées, ſont en gé-néral dans un état d'impuiſſance & de ſtérilité, & il ſe trouve dans la Nature peu d'eſpèces de plantes, tant dans l'ordre des herbes, que dans l'ordre des arbuſtes qui puiſſent y vivre & s'y propager.

2079. On obſerve cependant que, lorſque les terres ſimples ſont arroſées d'eau, les différentes ſortes de joncs y végétent plus aiſément : en effet cette famille du regne végétal réuſſit lorſ-qu'elle eſt abreuvée d'une grande quan-tité d'eau ; à ces ſortes de plantes, l'é-lément liquide convient bien mieux que les ſucs tirés du débris des végétaux qui domine dans les terres fortes. Les joncs doivent donc régner dans ces eſpèces de terrain, de même que les algues, & la plus grande partie des plantes marécageuſes.

2080. Mais la végétation eſt floriſſante dans tous les terreins qui font un mélange de terre quartzeuze, calcaire & marneuſe : celles où ſe trouvent des cendres de volcans, ou des terres pouzolaniques mélangées avec les trois autres, ſont les meilleures qu'on puiſſe avoir dans nos régions ; & comme ce mélange de toutes ſortes de terre ne ſe trouve que dans les plaines ſituées dans les environs des mers, ou arroſées par les fleuves & les grandes rivières ; comme les eaux pluviales, dépouillant ſans ceſſe les montagnes, portent avec elles ces terres différentes ; il ſuit que le meilleur terrain que la nature ait jamais préparé à l'homme pour l'agriculture, eſt celui qui a été dépoſé, ou par l'eau maritime, ou par l'eau courante des fleuves & des rivières lorſque la végétation a fleuri longtems dans ce terrain récent : auſſi voyez quelle étonnante fécondité dans ces plantes qui croiſſent dans les plaines inférieures arroſées par nos quatre grands fleuves, tandis qu'on trouve la miſere & la pauvreté à meſure qu'on pénétre dans les régions montagneuses & qu'on en considére les habitans qui ne cultivent que des terres simples que les eaux n'ont ni remaniées, ni mélangées, & qui ne font fécondes que par art, & par un travail opiniâtre.

2081. Les marais & les etangs desséchés, offrent aussi des terres fertiles; mais cette propriété vient de la grande quantité de plantes décomposées qui ont pourri dans des eaux stagnantes, encore cette fécondité est-elle moins solide & durable que celle qui provient du mélange des terres.

2082. De tout ce que nous avons dit sur les sables des bords de la mer fournis & rejettés par ses deux courans, il suit que le système de la vraie retraite de la mer n'en peut expliquer tous les phénomènes. Au lieu de changer de lit ou de bassin, les eaux établissent des terrains récens sur l'ancien continent qui forme ce bassin; & au lieu de dire que la mer s'est retirée de Fréjus, de Maguelonne, ou d'Aigues - mortes; on doit croire d'après les observations d'une physique

plus faine, & fondée fur des obfervations locales, que cette mer a oppofé
au contraire fur fes côtes un terrain
fabloneux & récent apporté par les
fleuves, trituré par les remuemens de
l'eau, & réjettés par les flots de la Méditerranée. Voilà l'expofé de ces phénomènes, avec toute la fimplicité fous
laquelle ils fe préfentent aux yeux du
voyageur qui n'eft prévenu d'aucun fyftême. Nous les obferverons fpéciale-
ment dans l'Hiftoire des embouchures,
& de la plaine inférieure du Rhône.

2083. Ces obfervations cependant
ne débilitent aucunement celles qui ont
établi, montré la ftation primordiale
des mers fur toutes les terres, & fur
les principales hauteurs calcaires du
globe terreftre : ce fentiment eft appuyé
fur un fi grand nombre de preuves, que
tous les Naturaliftes éclairés ont cru
devoir le foutenir ; & il eft peu d'Obfervateurs qui n'ayent fait quelque découverte pour rendre ce fyftême encore
plus plaufible. Je veux dire feulement
que dans les tems hiftoriques, la mer

D 4

à formé ces dunes, ces atterriſſemens qui ont comblé des ports autrefois nombreux ; mais la mer n'a point diminué ſenſiblement dans ces tems poſtérieurs ; ſa deſcente des montagnes eſt un fait de la Nature d'une autre antiquité ; ſi elle à quitté Aigue-mortes, & ſi elle ne paroit plus aujourd'hui à Fréjus dans ſes anciens bords ; c'eſt parce que le Rhône, fleuve ſi puiſſant, & ſi célèbre par ſes atterriſſemens & ſes ſables, a rejetté divers matériaux ſur ce rivage, & parce qu'il a comblé aiſément ces vides. Ces obſervations font le réſultat des recherches que j'ai faites au bord de la mer. J'ai été conduit par M. l'Abbé Tourrette, alors Vicaire à Cette, & aujourd'hui Curé à Aigue-mortes, & mon ancien Profeſſeur au collège ; il a bien voulu ſe donner la peine de me conduire dans tous ces lieux dignes de remarque.

A Cette, dans le Presbytère, le mois de Septembre 1774.

CHAPITRE II.

Observations sur l'étang de Thau & sur sa profondeur. Roche de Roqueirols. L'abyme. Eaux minérales de Balaruc. Cette source d'eaux thermales sort d'un souterrain submergé, environné à l'Orient, au Sud, & à l'Occident des eaux froides & salées de l'étang de Thau. Voisinage de ces eaux thermales, des restes volcanisés d'Agde, &c. Orages fréquens sur l'étang de Thau. Considérations sur tous ces phénomènes.

2084. Du sein de l'étang de Thau s'élève une roche vive qui porte le nom de Roqueyrols, où les eaux sont très-profondes & dangéreuses, lorsqu'il fait quelque vent; ce qui m'a empéché deux fois d'observer la nature de ces roches que je n'ai apperçu que de loin.

2085. Mais si le bassin de l'étang renferme dans sa capacité cette petite portion faillante & folide du globe, il contient auffi un véritable abyme qui rejette en haut une grande quantité d'eau, non point falée, mais fraîche & douce ; en forte que, quoique l'eau falée de l'étang innonde entierement ce gouffre de tous côtés, la force expulfive fouterraine, empêche les eaux de cette fource de fe mélanger avec les eaux falées, pendant leur expulfion.

2086. Ces forces qui font fortir cette eau de bas en haut, font fouvent fi confidérables, qu'elles forment des monticules fluides. Alors il eft inutile de s'avancer vers cet endroit dans des bateaux; l'eau expulfée du fouterrain, rejette avec force tout ce qui s'oppofe à fa fortie; & fi les vents fe déchaînent contre cette partie de l'étang; s'ils excitent la tourmente, l'abyme ouvert, occafionnant lui-même des vagues particulieres, s'oppofe à l'impétuofité du vent, & cette partie de l'étang n'obéit qu'à l'impulfion particuliere de la force fouterraine qui fait fortir ces eaux.

2087. Cette obfervation nous annonce

deux faits intéreſſans ſur la nature des eaux enclavées dans les entrailles de la terre & ſur leur température; elle apprend que l'eau ſalée maritime n'eſt inhérante qu'à la ſurface de la terre, & qu'au deſſous ſe trouvent encore d'autres eaux circulantes qui ont un département ſéparé, & qui font ſyſtême à part : en ſorte que la ſalure des eaux de la mer, comme je le prouverai ailleurs, eſt une propriété extérieure de l'élément liquide, une qualité acquiſe par ſa circulation dans les contrées habitées par les hommes, peuplées d'animaux & de toute ſorte de plantes, avant que les fleuves rejettent ces eaux dans la mer.

2089. On trouve, il eſt vrai, dans divers endroits des mines immenſes de ſel enfoncées profondément dans les terres; mais ce ſel eſt un vrai dépôt de ces mers qui ont innondé toutes les terres : ce ſel eſt entre des couches de terre de troiſieme formation; cette terre, ce ſable, ou des déblais ont retenu ce ſel, & on n'a point trouvé encore des mines de fel, comme je le dirai dans fon lieu, entre des couches de roches primitives; mais entre des pierres mobiles, des cailloux, des argiles & des fables; ma-tériaux qui font tous un vrai détriment d'un monde plus antique & bouleverfé par l'élément liquide.

2090. Les eaux falées & les mines de fel font donc deux chofes acciden-telles fur la furface du globe, & elles ne font aucunement inhérentes à la conftitution primitive du globe; puif-que, fous le niveau des mers, s'ouvrent des abymes qui expulfent des eaux pu-res, douces & fraîches.

2091. Mais non-feulement la qualité de ces eaux fouterraines eft indépén-dante de la qualité des eaux fupérieures maritimes; mais la température leur eft encore particuliere dans ces lieux profonds.

2092. L'eau falée de l'étang de Thau, eft foumife à la température folaire & atmofphérique : en été elle eft plus ou moins chaude, & on peut, comme dans les rivières, y prendre des bains : en hyver elle gele après les grands froids, comme les rivières : en forte que la température de l'eau de cet étang eft variable dans fes dégrés, comme l'air atmofphérique.

2093. L'eau de l'abyme au contraire, fupérieure & indépendante de ces caufes externes qui ne fauroient l'affecter, ne porte au dehors qu'une température conftante & invariable : fa chaleur particulière de dix dégrés, vient témoigner au dehors le dégré de chaleur dont jouiffent les entrailles du globe fous le fond des mers; & on obferve que toutes les fois que l'étang gele, il fe forme une efpace circulaire au tour de l'abyme, dont la température, toujours la même, toujours continuée, & confervée par la fucceffion d'une nouvelle quantité d'eau, ne donne pas le tems au froid de la faifir & de la congeler.

2094. Je préfente ces obfervations à tous les Philofophes qui méditent fur le feu atmofphérique folaire, & fur la chaleur particuliere du globe; j'ai obfervé ailleurs qu'on ne pouvoit trouver des anachronifmes dans la diftribution rélatives des époques de la Nature que M. de Buffon a décrites avec beaucoup de dignité; & je remarque ici que ces obfervations locales confirment fes vues fur la phyfique des travaux que la Nature a exécutés dans des époques différentes : car on doit diftinguer dans ce beau Livre, la fucceffion des faits, d'avec la phyfique de ces faits; le *quand* & le *comment*, & même la *quantité de temps,*

2095. Du bord de l'étang de Thau, & d'un terrain environné à l'Orient, au Sud, & à l'Occident, des eaux falées de cet étang, fortent les eaux thermales de Balaruc; en été dans un tems chaud & fec, leur chaleur eft de 42, & même de 43 dégrés, comme je l'ai obfervé au commencement de Septembre 1774; mais j'ai appris que cette chaleur varioit, & que pendant les gelées, ou même lorfqu'il pleut en hiver, l'état de la chaleur eft de 37 à 38 dégrés; en forte que la chaleur fouterraine des eaux eft un peu modifiée par les divers

états de la température de l'atmofphère.

2096. Si on expofe les eaux de Balaruc à l'action du foleil le plus ardent,
tel qu'il étoit au commencement de
Septembre 1774; on y découvre de la
félénite, beaucoup de fel, & une terre
infiniment divifée : l'expérience a appris que ces eaux font excellentes contre la débilité des fibres, elles donnent
du reffort dans l'atonie, & diffippent
les accès de fievre, les pâles couleurs.
Celles fur-tout qui font occafionnées par
le chagrin, ou l'amour, ne peuvent
réfifter à fes effets; elles ouvrent tous
les conduits obftrués; & lorfque la fibre
éprouve des mouvemens contre nature,
comme dans le tremblement, le ver-
tige, &c. les eaux de Balaruc corrigent
ce vice. Dans la paralyfie, dans les en-
gourdiffemens, dans les rhumatifmes
& les fciatiques, ces eaux font un vrai
ftimulant qui reveille la fibre inactive,
lui donne du jeu, appaife la douleur,
& rétablit le mouvement des fluides.
Les douleurs invétérées s'adouciffent

par leur ufage, & on n'a point oublié
que le docteur Chirac, Medecin de Phi-
lippe d'Orléans, Régent de France,
employa avec le plus grand fuccès les
eaux de Balaruc pour calmer les douleurs de ce Prince, bleffé en 1706 au
fiege de Turin.

2097. Les eaux minérales & chaudes
de Balaruc, fortent à travers un fol, fitué à trois ou quatre pieds au-deffous
de la furface & du niveau des eaux de
l'étang de Thau; ainfi le foyer du feu
qui échauffe cette fource, eft fitué fous
le niveau des eaux de la Méditerranée,
de même que le terrain fubmergé, fans
que la froideur des eaux maritimes ou
de l'étang, puiffe jamais refroidir, ni les
eaux, ni le fol, fous & à travers lequel
elles circulent : or, comme la fource eft
fituée fous le niveau de l'étang, & comme il arrive quelque fois que la tempête
fait refluer les eaux de la Méditerranée
dans l'étang, on a pratiqué des portes
qui ferment aux eaux de l'étang, le paffage dans les falles des bains.

2098. J'obferverai que ces eaux thermales

males avoisinent des terrains volcanisés, l'île de Brescou qui est une vraie butte volcanique ; les territoires d'Agde qui ne sont qu'une production de volcans, & le volcan de Montferrier que je vais décrire, environnent ces eaux.

2099. Enfin, comme l'électricité est active & abondante dans ces sortes de terrains , & comme elle est liée avec le système des orages ; cette électricité se manifeste ici dans la fréquence & dans les dangers de ce météore qui se fait sentir sur-tout dans l'étang de Thau. L'obser-vation semblable que j'ai encore faite sur les terrains de cette nature, en Vi-varais, se confirme ici au bord de la mer : je montrerai dans la suite, combien les orages dépendent de la nature & de l'état du sol où ils se forment.

CHAPITRE III.

Voyage au volcan de Montferrier. Géographie physique de ce volcan éteint. Description & Histoire naturelle de ce volcan. Variété des laves. Poudingues. État actuel des courans & des laves de ce volcan. Vallée de Montferrier. Ostéocoles. Débris de roches calcaires supérieures, délaissés par les eaux. Du principe de géographie physique sur les contenans & les contenus. Application de ce principe général à l'objet présent.

2100. LA rivière du Lèz qui entre dans la Méditerranée par le grau de Palavas, prend sa source dans des montagnes calcaires des environs de Cazevieille, de St.-Jean des Cuculles, & de St. Mathieu : elle s'est creusé un lit dans les montagnes de cette espèce, assez large & profond ; elle a déposé, avant d'arriver à la plaine inférieure, un refte du détriment des montagnes calcaires fupérieures, qui a formé une forte de terre calcaire fort ténace & compacte, farcie d'ofteocoles, comme nous le dirons ci-après.

2101. Les rivières qui arrofent un pays dont le fol eft homogène dans fa conftitution, & ne contient qu'une feule efpèce de pierre, dépofent des atterrif-femens également homogènes, qui forment des productions fecondaires; ainfi j'ai vu en Gatinois des carrieres de faffre, ou pierre de grès fecondaire, formées par un atterriffement fablon-neux, provenu de la fonte, pour ainfi dire, des grès fupérieurs, à qui une eau limpide permettoit de cryftal-lifer de nouveau. Je prouve dans ma chronologie des montagnes granitiques que les grès & les fchiftes font une fé-paration, par voie humide, du grès & du mica des montagnes primitives, décompofées & atténuées.

Rien ne périt dans la Nature, & lorfque l'élément liquide détruit fes propres ouvrages, lorfque des parties homogènes se séparent d'un tout composé de parties dissemblables, il se forme de nouvelles productions plus récentes qui annoncent dans l'ordre des minéraux, la fécondité de la Nature, toujours détruite & toujours renouvellée dans les individus des regnes végétal & animal.

Ainsi la vallée de Montferrier est remplie d'une terre calcaire durcie, détriment des roches solides & grisâtres qui forment la pierre du pays. Ces roches sont *contenantes*, relativement à cet amas de terre, qui est *contenu*.

2102. Du fond de la vallée s'élève le volcan de Montferrier, l'eau du Lèz en arrose le bas-fond; sa charpente est assise sur le penchant de la colline occidentale; le château & le village sont bâtis sur le volcan, où je n'ai pu reconnoître ni l'ancienne bouche ignivome, ni le système du courant des laves.

2103. En sorte que le volcan enfanta dans une vallée, après que les eaux du Lèz eurent excavé leur lit, & qu'elles eurent formé cet amas singulier de cailloux roulés, qui environnent le bas-fonds des laves.

2104. Et comme toutes les observa-tions, faites jusqu'en ce jour, annoncent le voisinage de la mer, pour l'explosion d'un volcan, il est probable que celui de Montferrier agissoit lorsque la Mé-diterranée occupoit la plaine de Mont-pellier, & que les environs de la Ve-rune, de Castelnau, de Vendergues, de Castries & de Montels, étoient avoi-sinés de cette mer.

2105. Alors la vallée de Montferrier étoit peu distante de cette mer, dont les eaux purent déterminer aisément le feu souterrain à agir au dehors, par le contact des deux élémens; le premier courant de lave expulsée rencontra l'ancien lit de la rivière; elle s'empara d'un atterrissement énorme; de-là cet amas de cailloux roulés, cimentés par une lave rougeâtre qu'on apperçoit, surtout vers la base du volcan, avant d'observer la roche basaltique supé-rieure, homogène, grossierement taillée

E 3

par le retrait, & prefque fans aucune régularité.

2106. Le nom fignificatif de volcan de *Montferrier*, comme celui de divers volcans dont nous avons parlé, vient du latin *Mons-ferri* : on fait que le fer abonde dans les laves, & furtout dans le bafalte qu'on trouve en grande quantité fur cette montagne ; ainfi les anciens avoient pu reconnoître cette qualité en impofant ce nom à cette montagne.

2107. En examinant ce volcan depuis le pied jufques vers fon fommet, on trouve d'abord inférieurement des amas énormes de Poudingue, des cailloux de marbre, & plus rarement quelques morceaux de laves. On voit d'autres cailloux roulés de pierre calcaire, gris, rouges, jaunes, couleur de fer, &c. Tout cela eft uni intimement, fans aucun interftice, par une pâte grisâtre qui forme la cohéfion, & qui remplit exactement tous les vides qui exiftent entre les cailloux.

2108. Ce poudingue eft même fi compacte, en divers endroits de la montagne, qu'il paroît qu'on s'en eſt ſervi pour des meules de moulin, dans les environs ; de ſorte que cette ſubſtance, à cauſe de ſa dureté extrême, formeroit le plus beau marbre poſſible, par la variété des couleurs des cailloux.

2109. Mais s'il eſt des quartiers de cette roche fort durs, il en eſt d'autres où le gluten perd ſa cohéſion & ſe pulvériſe ; le caillou ſe ſépare alors du caillou, & la roche ſe diſſout.

2110. Au deſſus de ces poudingues compactes & friables, ſe trouve une lave dont le fond eſt tantôt couleur de caffé, tantôt noir & quelquefois rougeâtre. Cette lave lie enſemble un détritus fort menu de baſaltes, de pierres-ponces, de ſpath de choerl : on obſerve dans la lave même, de gros quartiers de roches calcaires, ſouvent bien conſervées, & quelquefois auſſi changées en terre glaiſe, qui fait une vive efferveſcence avec les acides. Cette ſorte de lave qui ſe trouve en grande maſſe, environnant toute la montagne, offre quelques veines de ſpath calcaire fort étendues. Ces veines ont eu peut-être d'abord, pour cauſe primitive, le retrait de la matière pendant ſon refroidiſſement ; mais le ſpath a été formé après cette ſéparation des maſſes.

2111. Le baſalte ſe trouve immédiatement au-deſſus de la lave précédente ; il renferme quelques noyaux de pierre calcaire & de choerl : il n'affecte point des diviſions priſmatiques, mais il ſe préſente au contraire en blocs informes. L'égliſe, le château, & une partie du village ſont bâtis ſur ce baſalte, qui *domine* ſur toutes les matieres volcaniques de la montagne ; & c'eſt ſous le château, en ſuivant le petit chemin qui aboutît du pied de la montagne au village, qu'on peut obſerver toutes les eſpèces de lave & leur ſuperpoſition.

2112. Ce volcan, fort curieux, offre dans l'arrangement de ſes laves, un ordre inverſe de celui que nous avons trouvé dans le volcan d'Agde.

Dans celui d'Agde, le baſalte eſt au-

deffous de toutes les fubftances, &
dans celui de Montferrier le bafalte eft
au-deffus de tout l'édifice volcanique.

Dans le volcan d'Agde, la lave rougeâtre eft fur toutes les fubftances inférieures volcaniques, qui lui fervent de
fondement ; & dans le volcan de Montferrier, la lave rougeâtre eft inférieure
à la lave bafalte.

Voilà deux grandes différences dans
deux volcans voifins, fitués dans le
voifinage de la mer, & qui ont brûlé,
s'il faut s'en tenir aux apparences exté-
rieures, à des époques bien différentes.

2113. En defcendant dans le fond
de la vallée inférieure, on retrouve
une terre calcaire, homogène & durcie :
c'eft une forte de marne tendre, qui
renferme des impreffions d'oftéocoles,
monument du regne végétal, qui annonce bien que les eaux fluviatiles, &
non pas la mer, ont formé ce dépôt
fecondaire.

2114. Ces oftéocoles font compofés
quelquefois de plufieurs tuyaux em-
boîtés les uns dans les autres ; il

en eft qui font environnés de demi
cylindres, paralleles avec le tuyau
principal. Tous ces accidens ont été
les mêmes dans le rofeau, qui fut le
type de cette forte de pétrification;
on fait que le rofeau fe développant,
déploie plufieurs tuyaux concentriques
qui pouffent au dehors, & qui font
environnés de feuilles qui forment un
demi-cercle, autour du tuyau central,
principal & intermédiaire. Au refte,
on peut voir dans les Mémoires de
l'Académie, les oftéocoles d'Eftampes,
décrits par Mr. Guettard qui, le premier, a fait connoître ce foffile en
France.

En plaçant fous un feul point de
vue chronologique, l'Hiftoire Naturelle
des environs de Montferrier, on trouve
les faits de la Nature dans la fucceffion
fuivante.

2115. 1°. La mer univerfelle forma
les montagnes calcaires, compofées
d'une pierre grisâtre, fine, affez dure,
fufceptible, dans divers endroits, de
beau poli, & de faire l'office par
conféquent d'un beau marbre.

2°. Après la diminution de cette mer, le fol découvert fut déchiré d'excavations par les eaux courantes du Lèz, qui fe forma un lit peu à peu dans le fein de ces roches.

3°. La rivière dépofa au fond de fon baffin deux fortes d'atterriffemens ; & la végétation s'empara de ce terrain humide, puifque des plantes maréca-geufes l'habiterent & y établirent leur empire, comme il paroît par les reftes de ces plantes, en état d'oftéocoles.

3°. Enfin, après ces quatre opéra-tions différentes, le volcan vomit du fond de la vallée, & pofa, fur l'atter-riffement fluviatile du Lèz, les pre-mières laves ; il aglutina les parties mobiles, il en forma un feul tout, un feul poudingue, & il établit fa lave balfatique fur ce tout.

2116. Mais les eaux courantes qui ne laiffent point en repos, fur la furface du globe, tout ce qui fe trouve mo-bile ; qui agitent, remuent & tranf-portent furtout les laves mobiles & pulvérulentes, entraînerent bientôt les monceaux accumulés qui formoient le cratère du volcan ; ainsi le volcan de Montferrier se trouve aujourd'hui sans bouche saillante ignivome : telle est la chronologie physique de ces faits divers, prouvée par l'aspect des masses , & par la considération des matieres *contenues* dans de vastes *contenans*.

2117. En écrivant l'Histoire du volcan de Montferrier , à côté de la description du volcan d'Agde , & en comparant les observations aux observations , il paroît, 1°. que le volcan d'Agde vomit du fond de la Méditerranée , puisque ses laves inférieures sont assises , encore aujourd'hui , sous les eaux maritimes. 2°. Il paroît, au contraire, que celui de Montferrier perça hors du sein des eaux, puisque ses laves fondamentales sont assises sur un terrain continental , sur un vrai dépôt fluviatile , sur une terre qui a nourri des plantes ; ce qui contredit ce qu'on a écrit dans la Capitale à ce sujet : on y pense que nos volcans éteints furent tous sous - marins.

2118. Pour détruire cette erreur , il

est bon de poser ici sous les yeux du Lecteur, les observations analogues faites en Auvergne par Mr. le Marquis de Siminiane : il a eu la bonté de montrer à Paris, à Mr. Cadet de l'Académie des Sciences, & à moi, des pièces originales, qui témoignent que tous les volcans de cette Province, n'ont pas été sous-marins. M. le Baron de Marivetz, a vu toutes les pièces que ce savant respectable par son rang & son amour de la vérité, a fait poser sous nos yeux.

2119. Un ruisseau qui coule entre des montagnes peu éloignées du Mont-d'or, excavant son lit de plus en plus dans un sol formé de couches de cendres volcaniques, a découvert une couche de bois changé en charbon. Il y a des morceaux entièrement brûlés, d'autres sont mieux conservés. On a trouvé même une planche de pin, grossierement façonnée à coups de hache, ou autre instrument tranchant.

2120. Les diverses couches de cendres volcaniques au fond desquelles

on trouve ce bois charbonifié, ces branches d'arbre, ces planches travaillées
par la main de l'homme, font recou-
vertes elles-même par une grande coulée
de bafalte qui forme le plateau fupérieur
de la montagne : les eaux du ruiffeau
l'ont peu à peu minée : infenfiblement
elles ont creufé leur lit longitudinal &
formé la vallée ; ce qui a permis d'obferver, à droite & à gauche, ces anciennes couches de lave fuperpofées.

2121. Telle eft la defcription des
reftans des volcans de Boutareffe, que
Mr. le Marquis de Simiane a eu la bonté
de nous donner, en l'accompagnant
des pièces juftificatives : elle prouve
que tous les volcans des hautes montagnes de l'Auvergne n'ont pas été fous-
marins.

2122. Cependant, tandis que les hauteurs de cette Province éprouvoient
des éruptions, le pied de ces montagnes
étoit inondé des eaux maritimes. J'ai
vu près de Clermont, des coulées de
lave, mélangées avec des matieres calcaires qu'on fait être l'ouvrage de la

mer. J'ai vu des cellules de lave fpongieufe remplies de cryftallifations fpathiques ; d'où l'on peut inférer clairement que , fi les hauteurs de l'Auvergne
vomiffoient leurs feux fouterrains hors
du fein des eaux & fur un terrain fec,
les parties inférieures de la Province
étoient alors fubmergées de l'élément
maritime : il paroît même que ces opérations de la Nature eurent lieu après
la création de l'homme ; car on a trouvé,
fous ces volcans, les reftes de fon ouvrage ; mais des reftes bruts , groffiere-
ment façonnés , comme tous les premiers effais de l'homme réuni à l'homme
en fociété. Refumons donc ces obfervations locales , & joignons les faits
phyfiques aux faits contemporains de
l'efpèce humaine.

2123. Il eft clair que le volcan de
Boutareffe , dont les coulées ardentes
ont couvert les arbres , le bois & l'ouvrage de l'homme, vomit dans un continent ; & ee fol étoit , à cette époque,
au-deffus du fein de l'ancienne mer.

Il eft encore certain que plufieurs

volcans de l'Auvergne inférieure, (ceux
par exemple, des environs de Clermont,
dont les laves, comme je l'ai obſervé
ſur les lieux, ſont mélangées avec des
matieres calcaires), ont vomi du fond
des eaux de l'ancienne mer qui a dépoſé,
comme on ſait, toutes les matieres coquilieres du globe.

2124. Il fut donc un âge dans la Nature, où le ſol de la France étoit en
partie plongé dans le ſein des eaux,
tandis que le ſommet de la chaîne des
montagnes d'Auvergne paroiſſoit hors
de l'élément liquide : alors ce ſommet
formoit une île hériſſée de volcans, dont
les plus élevés brûloient hors du ſein
des eaux ; tandis que les moins élevés
baignés par l'ancienne mer, répandoient
ſous eux, les torrens enflammés de leurs
laves. Telle, de nos jours, la Sicile,
l'Etna, volcan majeur & environné des
volcans de Lipari, Stromboli, &c.

2125. L'homme vivoit donc dans ces
îles ſupérieures, avant l'effuſion des
volcans, puiſqu'il a délaiſſé ſous leurs
coulées des reſtes de ſon ouvrage ; mais
d'un

d'un ouvrage simple & grossier, tel que ceux qui ont été les premiers essais de l'homme, quand il s'exerça sur les arts.

2126. L'histoire comparée des volcans d'Agde & de Montferrier, offre à peu-près les mêmes résultats. Montferrier est plus élevé qu'Agde ; il brûloit hors du sein, mais dans le voisinage, de la Méditerrannée : ses laves inondoient des bas-fonds de vallées occupées par des végétaux ; tandis que le volcan d'Agde perçant du fond du bassin de la Méditerranée, projetta ses laves dans des tems postérieurs.

A Montpellier, le mois de Septembre, 1774 ; & revu sur les lieux le mois de Décembre 1779.

FIN de l'Histoire Naturelle du Diocèse de Montpellier.

Tome V.   F

HISTOIRE

NATURELLE

DES

EMBOUCHURES DU RHONE.

*Où il eſt traité des ſables & atterriſſemens
entraînés par ce fleuve dans la Méditerranée ; des Ports que ces atterriſſemens ont comblé, & du prétendu
changement du lit de la Méditerranée.*

HISTOIRE

NATURELLE

DES EMBOUCHURES

DU RHÔNE.

2127. ARVENU au bord de la Méditerranée, le Rhône que nous avons obfervé
dans l'Hiftoire du Vivarais, du Valentinois & de l'Uſégeois, mérite de nouveau

F 3

toute l'attention du Naturaliste ; de tous côtés il offre ici des images de destruction exécutés en grand ; & ses travaux entrent véritablement dans les plans & dans l'histoire de la Nature. Il s'est glissé d'ailleurs des erreurs si considérables dans l'histoire de ce fleuve, que nous avons de plusieurs Naturalistes, & ces erreurs premieres ont tellement influé à des erreurs plus généralement accréditées encore, que nous voulons rectifier ici ces écrits, avec toute la décence que doit avoir le Philosophe qui recherche la vérité.

Le Rhône, après avoir arrosé les Hautes Alpes, les Cevennes & les plaines de la France par lui-même, ou par une infinité de petites rivieres latérales qu'il reçoit ; chargé des dépouilles des êtres organisés, & de la vase détachée des montagnes ; entraînant dans son fond & du sable & des cailloux roulés, jette tous ces débris de la terre à côté de ses embouchures, & dans le sein de la mer. Ici l'élément liquide modifie de nouveau ce détriment des terres continentales ; il forme des dunes ; il éleve de nouveaux continens du fein même des eaux ; il comble des ports creufés par l'induftrie humaine ; il agrandit des îles , & fait reculer la mer elle - même , dont il occupe la place.

Tous ces objets méritent fans doute les regards des Naturaliftes ; mais ils exigent une méthode particuliere qui ne confonde point les fubftances hété-rogènes ; qui diftingue les anciens tra-vaux des modernes ; & qui nous dé-peigne la Nature telle qu'elle eft , c'eft-à - dire , auffi fimple dans la deftruction actuelle de fes ouvrages , qu'elle le fut jadis dans la fabrique de ces montagnes élevées , fourcilleufes , qui ont droit également d'attirer les regards du voyageur.

L'hiftoire ancienne peut même nous éclairer fingulierement dans l'objet que nous traitons ; Strabon, Pline, le Natu-ralifte, & quelques autres anciens , ont décrit les côtes de la Méditerranée , l'état du Rhône & de fes embouchures ; ils doivent donc être confultés dans un

ouvrage où l'on traite des changemens
arrivés à cette côte, & occafionnés par
les atterriffemens du Rhône.

Pour fuivre une méthode naturelle
fur cet objet, nous traiterons 1°. de
l'état du Rhône, de fes embouchures,
& des côtes de la mer; d'après l'hiftoire
que les anciens nous ont laiffée. 2°.
Nous donnerons une notice hiftorique
des ports de la côte maritime qui ont
été comblés, ou qui ont été confervés.
3°. Nous obferverons les caufes de ces
révolutions. 4°. Nous examinerons dans
le Rhône, trois fortes de matériaux
emportés des montagnes; la vafe, le
fable & les cailloux. 5°. Nous confidé-
rerons quelles modifications reçoivent
ces matériaux, lorfque le Rhône les a
vomis dans la mer.

CHAPITRE I.

*Histoire de la côte maritime de la Gaule
Narbonaise, par Strabon. Montagnes
Cévenoles ; leur jonction aux Pyrénées.
Marseille. Double Golfe remarquable.
Mont-Sigius, & îles de Brescou. Embouchures de l'Aude. Narbonne. Lac.
Port. Poissons fossiles. L'Orbe &
l'Eraut. Beziers & Agde. Embouchures
du Rhône. Narbonne, port des Aré-
comiques, ou habitans de la Colonie
de Nismes.... Histoire de la même côte
maritime, par Pomponius-Mela. Côte
de Provence. Embouchures du Rhône.
Fosses de Marius. Campagne couverte
de gros cailloux. (La Craux). Etang
des Volces. (de Thau.) Le Lez. Meze.
L'Eraut. L'Orbe. L'Aude. Promontoire des Pyrénées. Histoire des mêmes
côtes, par Pline, le Naturaliste. Narbonne. Agde. Embouchures du Rhône.
Fosse de Marius. Champ pierreux. Me-
sures & distances de diverses embouchu-*

res du Rhône, & de plusieurs endroits
remarquables, d'après Ptolemée.

2128. Strabon est le plus ancien des
Géographes qui nous ont laissé des descriptions des côtes de la mer : il vivoit
sous Auguste, & il publia ses XVII livres de Géographie, sous Tibere : il
parle ainsi du Languedoc & des côtes
de la mer.

« La Gaule Narbonnoise forme une
espèce de parallélogramme, qui est borné
au couchant par les monts Pyrénées ;
au Septentrion, par le mont Cemmenus ; au midi, par la mer comprise entre
les Pyrénées & Marseille ; enfin au Le-
vant, en partie par les Alpes, & en partie par l'intervalle qui est entre les Alpes, suivant la ligne droite qu'elles forment, & le pied du mont Cemmenus
qui s'avance vers le Rhône, & qui fait
avec la ligne des Alpes, dont on vient
de parler, un angle droit. »

« Le mont Cemmenus prend naissance aux monts Pyrénées par une ligne

perpendiculaire; traverſe le milieu des Gaules, & ſe termine près Lyon, après avoir parcouru un eſpace d'environ deux mille ſtades, c'eſt-à-dire, 62 lieues & demi. »

« Le pays montagneux des Salyens ſe détourne un peu plus vers le Septentrion du côté du Couchant, en s'éloignant de la mer. Pour la côte, elle avance vers le Couchant, & a cent ſtades, c'eſt-à-dire, 3 lieues $\frac{1}{8}$ de la Ville de Marſeille, vers un Promontoire aſſez conſidérable, & qui eſt près de quelques carrieres; elle commence à s'enfoncer & à former de-là juſqu'au Promontoire, des Pyrénées appellées *Aphrodiſion*, le Golfe Gaulois, quon appelle auſſi *Golfe de Marſeille*. Ce Golfe eſt double & ſéparé en deux Golfes plus petits, par le mont Sigius qui eſt vers le milieu de ſon contour, & par l'île de Breſcou qui eſt auprès. Le plus grand de ces deux Golfes porte en particulier le nom de *Golfe Gaulois*, & c'eſt dans celui-là que le

Rhône fe décharge : le plus petit eft du côté de Narbonne, jufqu'aux Pyrénées.

« Narbonne eft bâti fur les embouchures de l'Aude, & fur le Lac Narbonnois. C'eft le Port le plus marchand de cette côte. Il y a près du Rhône une autre ville confidérable, qui eft auffi un port affez marchand appellée Arles. La diftance des ces deux ports entr'eux, & la diftance de chacun de ces ports au Promontoire, qui eft de fon côté, c'eft-à-dire, de Narbonne au Promontoire Aphrodifien, & d'Arles à celui de Marfeille, eft à-peu-près la même. »

« On trouve des deux côtés de Narbonne, différentes rivieres, dont les unes viennent du mont Cemmenus, & les autres des Pyrénées, & qui ont fur leurs bords des Villes où l'on peut remonter avec de petits bateaux. C'eft des Pyrénées que coulent le *Rufcinon* & l'*Ilybirris*, qui arrofent chacun une ville de même nom. Il y a près de Rufcinon un Lac & une efpèce de marécage plein de Salines, un peu au-deſſus de la mer, où l'on trouve des poiſſons foſſiles, des mulets, (*Mugiles*). Si l'on creuſe deux ou trois pieds, & qu'on enfonce dans l'eau bourbeuſe une eſpèce de trident, il arrive ſouvent de prendre des poiſſons aſſez gros. Ils ſe nourriſſent dans la boue comme les Anguilles. Voilà quelles ſont les rivieres qui coulent des Pyrénées entre la ville de Narbonne & le Promontoire Aphrodiſien. Les rivieres qui coulent du mont Cemmenus dans la mer, de l'autre côté de Narbonne, ſont l'Aude, l'Orbe & l'Éraut. C'eſt ſur l'une de ces rivieres qu'eſt bâtie la ville de Beziers, qui eſt forte par ſon aſſiette, & aſſez près de Narbonne; c'eſt ſur l'autre qu'eſt bâtie la ville d'Agde, que les Marſeillois ont fondée. »

A l'égard des Embouchures du Rhône, Polybe reprend Timée d'avoir dit que ce fleuve en a cinq, & ſoutient qu'il n'en a que deux; Artemidore en compte trois. En dernier lieu, Marius, voyant que le lit de ce fleuve étoit bouché par les atterriſſemens qui s'y étoient formés, & qu'il étoit difficile d'y entrer, fit creuser un nouveau canal pour détourner la plus grande partie de la rivière, & il en donna la propriété aux Marseillois pour les récompenser des services qu'ils avoient rendus dans la guerre contre les Ambrons & les Toygènes. Les Marseillois en ont tiré un très-grand profit en établissant une espèce d'impôt ou de douane, sur tout ce qui y passe en montant & en descendant. Cependant ce passage est encore difficile, soit à cause des atterrissemens qui s'y font faits, soit à cause de la rapidité avec laquelle les eaux coulent, soit à cause que la côte est basse & qu'on a peine à la distinguer, sur-tout quand le tems est embrumé. C'est pourquoi les Marseillois, qui cherchoient en même tems à peupler ces lieux autant qu'ils pouvoient, y ont bâti plusieurs tours pour servir de signal, & y ont même construit un Temple à la Diane d'Ephese, dans l'île formée par les Embouchures du fleuve. »

« Il y a au-deſſus de ces Embouchures du Rhône un aſſez grand lac
qui communique avec la mer , & qui
abonde en Huitres, & nourrit d'aſſez
bons poiſſons ; quelques - uns le met-
tent au nombre des Embouchures du
Rhône , ſur-tout ceux qui en comptent
ſept ; mais ils ſe trompent en l'un &
en l'autre point, en ce qu'ils donnent
à ce fleuve un ſi grand nombre d'Embouchures , & en ce qu'ils croient que
la communication de ce lac avec la
mer peut être regardée comme une de
ſes Embouchures ; car il y a une montagne entre - deux , qui ſépare ce lac
d'avec le fleuve. Telle eſt la Côte depuis les Pyrénées juſqu'à Marſeille. »

« Les Volces, ſurnommés Arecomi-
ques , habitent pour la plus grande
partie ſur l'autre côté du Rhône (ſur
le côté droit). Narbonne eſt leur Port
de mer ; mais on pourroit , avec rai-
ſon , regarder cette ville comme le
Port de toutes les Gaules , tant elle
eſt au-deſſus des autres villes de ce
Pays, par ſon antiquité & par ſon com-

merce. Les Volces qui demeurent le long du Rhône ont à l'oppofite, fur l'autre bord de ce fleuve, les Salyens & les Cavares. „

2129. Pomponius Mela, Efpagnol, célebre par fes trois Livres de Géographie *de fitu Orbis*, écrivit fous l'Empereur Claude. Il décrit ainfi le Languedoc & fes côtes *liv. 2 chap. 2.*

« Il y a fur la côte de la Méditerranée quelques lieux qui ont de la réputation; mais les villes n'y font pas fréquentes, parce que les Ports y font rares, & que toute la Côte y eft expofée aux vents du Midi. Nice eft au pied des Alpes, de même que la ville des Déciates & Antibes. Viennent enfuite Anthenopolis, & Olbia, & Taurois, & Cythariftes, & Lacydon, le port des Marfeillois & la ville de Marfeille. „

« Cette ville fondée par les Phocéens, fut bâtie autrefois entre des Nations fauvages & guerrieres qui, quoique plus tranquilles aujourd'hui, confervent pourtant encore des mœurs
très-

très-différentes de celles des Marseillois. Il est étonnant que Marseille ait pu
s'établir aussi facilement dans un pays
étranger, & qu'elle aît été si constante
à conserver ses usages.

Entre cette ville & le Rhône, on
trouve une ville appellée *Maritima*, placée sur l'étang des Avatiques & la fosse
Marienne, qui porte dans la mer, par
un canal navigable, une partie des eaux
de ce Fleuve. Du reste, la côte est
presque déserte, & la campagne y est
toute couverte de gros cailloux. Ce qui
lui a donné le nom de *Champ pierreux*.
C'est là qu'on pense que Jupiter sé-
courut, par une pluie de pierres, Hercule son fils, qui combattoit contre Al-
bion & Bergion, fils de Neptune, &
qui manquoit de traits pour se défendre.
On diroit en effet qu'il y a plû des cailloux, à en juger par la quantité qu'on
y en trouve, & par l'étendue du pays
qui en est couvert.

Le Rhône prend naissance assez près
des sources du Danube & du Rhin : il
tombe ensuite dans le lac de Geneve,
Tome V.   G

où fa rapidité fouffre quelque ralentif-
fement & d'où il fort entier, & fans
avoir fouffert de diminution. D'abord
il coule vers le couchant, & fépare pendant quelque tems les deux parties de
la Gaule dont on a parlé ; mais fe détour-
nant enfuite vers le Midi, il entre dans
la Gaule Narbonoife, & après avoir été
groffi fucceffivement par la jonction de
plufieurs rivières, il va fe rendre dans
la mer, entre les Volces & les Cavares.

Au delà du Rhône, font les étangs
des Volces, le fleuve du Lez, le Caf-
tellum-latara & Mefe, colline entourée
de la mer prefque de tous côtés, & qui
feroit une véritable île, fi elle ne tenoit
à la terre ferme par une chauffée affez
étroite. Après cela, l'Eraut qui coule
des Cevennes, paffe à Agde, & l'Orbe
à Beziers. L'Aude qui vient des Py-
renées eft foible & guéable, tant qu'il
n'eft rempli que des eaux de fa fource ;
& comme il occupe d'ailleurs un grand
lit, il n'eft alors navigable que quand il
eft arrivé à Narbonne ; mais lorfque les
pluies d'hiver l'enflent, il s'éleve quel-

que fois à une telle hauteur, que son lit ne le peut plus contenir. Il se jette dans un lac appellé *Rubresus*, qui est fort grand, mais dont la communication avec la mer est étroite.

Au delà est la côte de Leucate, & la fontaine de Salces, dont les eaux loin d'être douces, sont plus salées que celles de la mer même. Il y a tout auprès une plaine couverte de petits roseaux, & sous laquelle il y a tout auprès une espèce d'étang ou de marais. Cela paroît en ce que vers le milieu il y a quelques mottes de terre détachées qui nagent comme des îles, & qu'on peut à son gré retirer ou repousser. On juge même par la nature de ce qu'on a retiré du fond, que la mer y pénétre. C'est là ce qui a donné lieu à des Auteurs grecs, & même à quelques-uns des latins de dire, soit par ignorance, soit par le seul plaisir de mentir, que les poissons qui viennent de la mer jusqu'à cet endroit, & qu'on y prend par les ouvertures dont on vient de parler, y naissoient dans la terre même.

On trouve au-delà la côte de Sordons; les petits fleuves de Tet & de la Tech, qui ne laiffent pas d'être dangéreux quand ils débordent; la Colonie de Rufcinum; le bourg d'Eliberis, foible refte d'une ville autrefois grande & riche; enfin entre les promontoires des Pyrénées, le port de Vénus, fur un golfe falé, & Cervera qui fait l'extrêmité des Gaules. »

2130. Pline le Naturalifte nous a laiffé dans quatre livres de fon hiftoire, tout ce que l'antiquité favoit de Géographie, il décrit ainfi les environs de la mer dans la Gaule Narbonnoife

« On appelle Province Narbonnoife, dit-il, la partie des Gaules qui eft placée fur la mer Méditerranée, & qui étoit autrefois connue fous le nom de Braccata. Elle eft féparée de l'Italie par la rivière du Var & par les fommets des Alpes, fi falutaires à l'Empire Romain; & du refte des Gaules du côté du Septentrion, par les monts Gebenna & Jura. Nulle autre Province ne peut lui être préférée par rapport à la cul-

ture des champs, au mérite des habitans, à la douceur des mœurs, & à
l'abondance des richeffes. Difons mieux,
elle mérite d'être regardée comme
l'Italie même, plutôt que comme une
Province.

En venant d'Efpagne on trouve les
Sardons fur la côte, & les Confuanari
dans l'intérieur. Les fleuves Techum,
& Mernodubrum. La ville d'Illiberris,
foible refte d'une ville qui a été confidérable, & celle de Rufcinon qui jouit
du droit latin. La rivière d'Aude qui
coule des Pyrénées & qui traverfe le
lac Rubrenfis. Narbonne, dit Narbo-
Martius, colonie des Décumans, éloigné de la mer de douze mille pas. Les
fleuves Arauris, Liria.

Du refte, les villes y font rares à
caufe des étangs qui font le long de la
côte. On y trouve Agde, qui apparte-
noit autrefois aux Marfeillois; le pays
des Volces Tectofages, & le lieu où a
été bâtie autrefois par les Rhodiens la
ville de Rhoda, qui a donné le nom au
Rhône, la plus fertile des rivières des

G 3

Gaules. Ce fleuve se précipitant du haut des Alpes à travers le lac Leman, (*le lac de Geneve*) reçoit la Saone, célébre par la lenteur de ses eaux ; & l'Isere & la Durance, dont le cours est aussi rapide que le sien. Les deux plus petites de ses embouchures portent le nom de Libyques ; l'une est appellée l'Espagnole & l'autre Métapinum ; la troisieme qui est la plus grande s'appelle *Marseilloise.* Quelques-uns prétendent qu'il y a eu autrefois à l'embouchure du Rhône une ville appellée *Héraclée.*

Au delà de la fosse que C. Marius fit creuser du Rhône, jusqu'à la mer, & qui est connu sous son nom, on trouve l'étang Astromela ; la ville des Avatiques appellée *Maritima*, & plus haut, les champs pierreux, (*la Crau*), célébre par les combats d'Hercule, le pays des Anatiliens, & plus avant, celui des Désuviates & des Cavares ».

2131. Ptolemée qui a vécu sous l'Empereur Marc-Aurelle, a écrit huit livres de Géographie fort estimés : il traite de la Gaule Narbonnoise dans le

G 4

livre II. chap. X., & il affigne ainfi les longitudes & les latitudes des Villes & des Fleuves.

Les embouchures de la rivière

	longit.		latit.
d'Aude. 21 30		42 45	
. . . . d'Orbe. 21 45		42 45	
. . . . d'Erault. 22 0		42 50	
La ville d'Agde. 22 15		42 50	
L'île d'Agde. . . 22 30		42 10	
L'île de Brefcou à la fuite de la précédente. . . 22 30		42 20	
La montagne de Cette. 22 30		42 30	
L'embouchure Occidentale du Rhône. 22 50		42 30	
L'Orientale. . 23 0		42 20	
Les foffes de Marius. 22 45		42 40	

Voilà quel étoit l'état de nos côtes Méridionales dans cet ancien âge ; nous verrons dans la description que nous donnerons de leur état actuel, quelles révolutions elles ont souffert depuis ce tems là : ici nous examinons encore quels Ports ont été construits, détruits & comblés sur la même côte.

CHAPITRE II.

Histoire des Ports de la côte maritime de la Gaule Narbonnoise , qui ont été comblés par les sables du Rhône , rejettés par la Méditerranée. I. Port de Narbonne. II. Port d'Agde. III. Port de Maguelonne & des Sarrazins. IV. Port de St. Gilles. V. Port de St. Louis à Aigues-mortes. VI. Port de Brescou. VII. Port de Cette. L'histoire de ces Ports avertit les Etats du Languedoc de ce qui doit arriver un jour au Port de Cette , si on ne remédie au vice local qui tend à le combler.

2132. OUTRE les connoissances que nous donne l'étude de l'antiquité pour reconnoître les revolutions arrivées sur les Côtes de la mer; le détail historique des Ports que l'industrie humaine a pratiqués sur cette côte , fait connoître aussi, combien le mouvement des eaux agite & transporte au loin les sables &

les atterriſſemens vomis par le Rhône, ou par les rivières voiſines, dans la Méditerranée.

La plupart de ces Ports ſont comblés ; le ſable ſuperfin que le courant du Rhône entraîne dans la mer, en a rempli les Baſſins, & quoique la plupart ſoient éloignés d'une vingtaine de lieues de l'embouchure de ce fleuve, les courans de la Méditerranée ont portés à cette diſtance & au de-là, le ſable infiniment atténué qu'ils reçoivent & qu'ils remuent perpétuellement.

PORT DE NARBONNE.

2133. Le Port de Narbonne eſt le plus ancien de la côte de la Méditerranée ; nous avons vu que c'étoit le Havre de la nation Arécomique, colonie Romaine, & le Port de mer qui, ſelon le témoignage de Strabon, (2118) avoit rendu la Gaule Narbonnoiſe ſi floriſſante & ſi riche : en ſorte que le commerce de cette partie des Gaules ſe faiſoit ſans doute tout entier par ce

Port, puifque la Nation des Arecomi-
ques (de Nîmes), n'en avoit pas un
pour elle, quoique voifine de la mer.

2134. Ce Port de Narbonne fubfifte
encore à peu près dans le même lieu :
c'eft le *Grau de la Nouvelle*, ou *Port
St. Charles*; mais il a été bien dégradé
par les fables entraînés par l'Aude. Pour
que le Port ne fe comble point entierement, & pour faciliter l'arrivée des
Bateaux les plus médiocres, on eft
obligé, tous les ans, de creufer à l'aide
des Pontons, dans les fables de cette
rivière.

2135. L'Aude lui-même fe biffurque
au-deffus de Salléles, & fe jette dans
la Méditerranée par l'étang de Sejan
& par l'étang de Vendres. Ces deux
embouchures font éloignées d'environ
huit lieues. Il eft probable que l'ancien
Port étoit formé de la réunion des deux
bras, alors les étangs de Sejan & de
Gruiffan joints enfemble, ne formoient
qu'un feul étang qui fervoit de Port :
ils n'étoient point féparés par cette
trainée de fable amoncelée par l'Aude,

dépuis fon embouchure, jufqu'à Narbonne. Le marais qui eft entre la
pointe de l'étang de Sejan, jufqu'à
Narbonne, étoit une fuite du même
étang, & la ville de Narbonne pouvoit recevoir aifément dans fon fein
les vaiffeaux qui arrivoient. Il faut
fuppofer toutes ces chofes pour concevoir comment ce Port avoit pu fervir au commerce des Gaulois, tant
célébré par les anciens. Mais je dois
obferver que les changemens furvenus
à cette Côte, ont été occafionnés
plutôt par les fables de l'Aude, que
par ceux que le Rhône a rejettés dans
la mer.

PORT D'AGDE.

2136. Ce Port a appartenu aux Vi-
figots, & il eft très-peu connu des Auteurs qui ont écrit fur le Languedoc.
On fait feulement qu'en 580, le Roi
Chilperic ayant envoyé des Embaffa-
deurs à Conftantinople, à l'Empereur
Tibere, les Miniftres n'oferent aborder

à leur retour; à Marfeille liguée contre leur Souverain, ils tenterent de venir débarquer dans le Port d'Agde, du Roi Lenvigilde, allié de Chilperic. Un coup de vent jetta leur vaiffeau fur la côte voifine, & le brifa. (*Hiftoire du Languedoc, Tome I. page* 290.)

Voilà tout ce qu'on fait de cet ancien Port que les fables de l'Héraut ont pu combler aifément ; cette rivière ne ceffe d'entraîner du haut des Cevenes, où il prend fa fource, les amas de fable qui regnent, fur-tout dans la plaine de Beffan & d'Agde, qu'il arrofe, & on ne voit plus aucun refte de cet ancien Port.

PORT DE MAGUELONNE OU DES SARRAZINS.

2137. Ce Port fit de la ville de Maguelonne une Place importante du Languedoc. Cette ville étoit fituée fur un monticule environné des eaux de la mer. Elle fut bâtie par une Colonie de Phocéens, fur le Pic. Dans la fuite la Méditerranée fe retirant, & cédant fa place aux atterriſſemens du Rhône, elle ne fut plus aſſiſe ſur une île; mais ſur une langue de terre, ou preſqu'île.

Le commerce maritime rendit cette ville ſi floriſſante, qu'elle put ſe révolter contre Wamba, ſon Roi: Charles Martel la ruina de fond en comble, & il ne reſta que des maſures. Le commerce de cette ville avoit été ſi conſidérable, qu'elle fut l'entrepôt des marchandiſes de l'Europe, de l'Aſie & de l'Affrique.

Arnaud II. Evêque de Maguelonne, eſſaya de rétablir ſa ville Epiſcopale dans ſon ancien luſtre; il obtint de Jean XX. avec l'approbation de cette entrepriſe, une Bulle d'Indulgences, en faveur des fideles qui contribueroient par des ſecours pécuniaires à ſa réédification. Arnaud fit conſtruire des Ponts de bois pour joindre l'île au continent; il boucha l'ancien Grau, & ouvrit de nouveau le Port de Maguelonne; l'Abbé Suger vint y aborder, de même qu'Alexandre III. chaſſé de l'Italie par l'Antipape Victor IV. Ce Port acquit de nouveau de la réputation, & Bernard de Trevies, auteur du Roman intitulé, *la belle Maguelonne*, le choisit pour le lieu de la Scene. L'île, le Port & les masures de Maguelonne, ne sont aujourd'hui que la retraite de quelques pécheurs.

PORT DE ST. GILLES.

L'histoire fait mention en divers endroits de ce Port, qui est du Domaine des Comtes de Toulouse. Le Pape Innocent II. chassé d'Italie par le parti de l'Antipape, Anaclet vint y aborder en 1130. Bertrand Comte de Toulouse s'y embarqua en 1109, avec quatre mille Chevaliers croisés sur quarante Galeres. Et Louis le Jeune de retour en France de Syrie en 1148, y débarqua aussi.

2138. On voit par les témoignages des Historiens, combien le Rhône a accumulé des sables & des cailloux entre la mer & St. Gilles, puisque la mer est éloignée aujourd'hui, d'environ dix lieues de cet ancien port. On peut dire, il est vrai, que le bras du Rhône étoit

le Port véritable de St. Gilles ; mais en
confidérant le fol qui avoifine cette
ville ; en examinant foigneufement le
niveau du terrain & les marécages qui
l'environnent , on reconnoit que ces
vaftes étangs & marais, font l'ouvrage
de ce fleuve.

PORT D'AIGUES-MORTES.

2139. Le défir d'ouvrir un Port af-
furé aux Croifés, & de l'avoir en propriété fur la Méditerranée , engagea
St. Louis à conftruire le Port d'Aigues-
mortes : mais fous fon regne le fyftême
féodal étoit encore fi puiffant que ,
malgré fa qualité de Roi de France , &
de Suzerain de Languedoc , il fut
obligé d'acquérir en 1248 , de l'Abbaye
de Pfalmodi , un terrain au bord de la
mer , appellé *aquæ mortuæ*, fitué entre
le Vidourle & le bras Occidental du
Rhône, pour exécuter fon projet.

Aujourd'hui ce terrain a bien changé
de face ; ce bras du Rhône eft à fec ;
on appelle fon lit, le *Rhône mort* ; &
comme

comme ce fleuve eſt néceſſaire à Peccais, pour le tranſport du Sel qu'on y
fabrique, on a été obligé de conſtruire
un Canal à ſa place ; comme Marius
creuſa jadis la foſſe de ſon nom, qui
laiſſoit couler dans la mer les eaux
Orientales de ce fleuve.

St. Louis fit bâtir la Tour de Conſ-
tance, qu'on voit encore à Aigues-
mortes, il fortifia cette nouvelle ville ;
les eaux de la mer venoient battre alors
contre ſes remparts, & j'ai ſouvent
manié les anneaux qui ſervoient alors
à attacher & fixer les vaiſſeaux ; ſi jamais
les preuves hiſtoriques de l'éloignement
de la mer ſe perdoient, ces anneaux
témoigneroient encore l'ancienne ſta-
tion de la mer en ce lieu : la deſtinée
de ces anneaux a bien changé aujour-
d'hui : les ſables du Rhône amoncelés
par les flots, ont comblé le Port, & ils
ont éloigné les eaux maritimes au delà
de deux lieues, pour en occuper la
place.

Dans ce temps là la féodalité avoit
preſque avili l'autorité Royale : St.
Tome V.   H

Louis voulant établir pour l'entretien
de fon ouvrage, une Douane fur toutes
les marchandifes, en demanda la per-
miffion à Clement IV. qui lui donna fon
confentement fous ce terme *indulgemus*,
engageant le Monarque à n'impofer ce
Péage, que du confentement des Ba-
rons du voifinage, & des Confuls de
Montpellier.

St. Louis s'embarqua à Aigues-mortes
en 1248 & en 1269, pour la deuxieme
fois. Charles V. y débarqua pour voir
François I. qui fe rendit lui-même à
Aigues-mortes pour l'entrevue.

En 1709 la mer s'étoit déja éloignée
d'une lieue du port; en 1774 lorfque
j'ai paffé dans cette ville pour la premiere fois, on compte cinq mille toifes
d'éloignement mefurées géométrique-
ment, depuis les anneaux de l'ancien
port, jufqu'au bras de mer qui avance
vers la ville, & huit mille toifes, fi on
veut mefurer cette diftance, depuis
les anneaux, jufques aux Cabanes des
pécheurs.

PORT D'AGDE.

2140. Richelieu, Ministre de Louis XIII. fait pour les grandes entreprises, & devenu sur-Intendant de la navigation & du commerce de France, résolut de protéger le négoce : il choisit la rade d'Agde, près de Brescou, pour y établir un nouveau Port. En peu de tems deux moles formèrent un grand Bassin, défendu par les fortifications naturelles des roches de Brescou ; mais cette entreprise fut bientôt abandonnée à cause de la quantité de sable que les courans entraînerent.

Les flots de la mer ont encore comblé ce port, & l'on ne trouve plus que quelques traces d'un mole au cap d'Agde, à côté de l'étang de Luno.

PORT DE CETTE.

2141. Enfin Louis XIV, né pour donner la vie aux Provinces les plus éloignées de ses Etats, & pour vivifier l'intérieur de ses Provinces par le com-

H 2

merce , ordonna la jonction des deux mers. Le Port de Cette devint nécef-faire alors pour leur communication réciproque. Deux moles immenfes for-merent un beau & vafte Baffin ; mais les fables du Rhône y furent bientôt re-jettés par les flots. On fut obligé de rétrécir ce Baffin par de nouvelles jet-tées, qui réduifirent le Port au quart de fa premiere capacité. Les atterriffe-mens en ont comblé depuis long-tems les deux tiers qui étoient devenus inu-tiles., & le refte de l'ancien Port n'eft. confervé dans fa profondeur néceffaire, qu'à force de faire jouer les Pontons. Vingt pieds d'eau qui reftent., fuffifent encore aux vaiffeaux marchands ; mais fi l'on perd de vue les travaux du Rhône & les tas de fables accumulés par les flots de la mer , ces fables enfouiront bientôt ce beau monument de la gran-deur de Louis XIV.

Les Etats de Languedoc qui ont fans-ceffe les yeux ouverts fur le bien pu-blic, font réparer avec beaucoup d'acti-vité ces dégats journaliers. Et la Pro-

vince doit former des vœux, pour que
les Chefs de fon adminiftration foient
toujours aufli éclairés ; pour que les
Manufaĉures, la Méchanique & toutes
les Sciences dont la théorie éclaire la
pratique des Arts & Métiers y foient
protégées. Ces inftitutions y feront toujours les colonnes d'une induftrie éclairée ; la mobilité du commerce s'y per-
pétuera ; l'argent y circulera aifément,
& les Etats réfoudront un beau Problême qui les touche de près , & qui
concerne l'humanité, la politique & les
finances ; Problême que j'exprime de
cette forte.

Donner au Souverain tous les Sub-
fides poffibles , & avoir pour le peuple
tous les ménagemens que méritent des
Citoyens aĉifs & bons Français , qui
forment la premiere Province du Ro-
yaume.

Voilà l'hiftoire chronologique de huit
Ports , que l'induftrie humaine a fait
conftruire fur ces Côtes maritimes ,
depuis les Romains jufqu'à nous. Les
travaux des courans fous-marins & les

H 3

éjections du Rhône en ont comblé sept.
Nous allons considérer dans le chapitre
qui suit, ces sables fluviatiles remaniés
par la Méditerranée, délaissés à sec,
changés en continent, adhérants aujourd'hui à la surface seche du globe,
& devenus la plupart un terrain riche
& fécond. Nous monterons ensuite sur
nos plus hautes montagnes, pour exa-
miner les vides formés dans l'intérieur
des roches les plus dures par les eaux
courantes; nous observerons les premiers sillons des hauteurs, commençant
les vallées; & nous verrons les excavations longitudinales partir des sommets,
aboutir aux plaines inférieures:
la Nature n'a opéré ce travail qu'à la
longue; les ruisseaux, les rivières, les
fleuves ont charrié le déblais, extrait
des excavations, & c'est la marche de
ces déblais que nous observerons principalement.

CHAPITRE III.

*Suite des preuves historiques du change-
ment du bord des mers en terres continentales. Le niveau de la Méditerranée n'a point varié dans les temps
connus par l'histoire. L'antique abaissement du niveau de la mer autrefois sta-
tionnaire sur les plus hautes élévations
du Globe, est différent du changement
de mer en terre par les atterrissemens
fluviatiles. Variations arrivées depuis
Strabon. Anciennes embouchures du
Rhône. Les Romains ont connu les in-
convéniens de la construction des Ports
à côté des bouches du Rhône. Etang
de Mauguio, autrefois Port de mer.
Pfalmody, ancienne île de la Méditerranée. Aimargues, jadis situé au
bord de la mer. Meze, Franquevaux,
&c. témoins de ces révolutions lentes
& insensibles. Distance actuelle de la
Méditerranée de tous ces lieux. Ancienne station de la mer, éloignée par*

l'arrivée des tas de sable du Rhône vers ses bords.

2142. TOUTES les observations que nous avons faites jusqu'à préfent, prouvent bien que la mer ne s'eft point retirée de nos Côtes de Languedoc pour refluer ailleurs, de fon propre mouvement, s'il eft permis d'employer ce terme ; mais plutôt qu'elle a cédé la place à des fables fluviatiles accumulés, qui l'ont éloignée du bord & qui ont occupé fa place. Dans le cas préfent, la mer n'a pas été dans un état actif, mais bien dans un état purement paffif : & l'hiftoire des Ports qui ont été comblés les uns après les autres, nous annonce que le Rhône a occafionné ces révolutions lentes & infenfibles, en amenant de vaftes atterriffemens qui, remués en divers fens par le courant fluviatile & par les courans fous-marins, ont été appofés fur nos Côtes.

2143. Cette opération lente de la Nature, ce changement moderne de

mer en terre eſt encore bien différent
de l'ancien changement de mer en terres continentales, opéré par la chûte
& par l'abaiſſement de l'ancien niveau
des eaux maritimes, qui ſubmergerent
jadis tous nos Continens & les Montagnes les plus élevées. Cette diſtinc-
tion de deux ſortes de changement des
Mers en Continens, eſt eſſentielle dans
ce moment où, malgré nos lumieres en
Hiſtoire Naturelle, pluſieurs Auteurs
confondent les deux Phénomènes.

2144. L'abaiſſement de l'ancien niveau n'eſt prouvé par aucun monument
hiſtorique ; les ſeules obſervations phyſiques ; les dépôts des corps marins
ſur les plus hautes Montagnes coquilieres, annoncent cette vérité.

2145. Ce Phénomène de la Nature
s'opére d'une maniere ſi lente, qu'elle
devient inſenſible aux générations ; tandis que le changement occaſionné par
les atterriſſemens s'opére ſous les yeux
même de l'Obſervateur. La mer depuis
St. Louis s'eſt éloignée de pluſieurs
lieues ; mais ſon niveau eſt encore le

même. J'ai palpé les anciens anneaux qui servirent aux Croisés pour attacher leurs vaisseaux; & j'ai touché de la main droite ces anneaux, & en même tems j'ai touché de la gauche les eaux du marais, qui est de niveau avec la même Mer.

2146. L'histoire de tous les Ports maritimes de la Côte de Languedoc; les sables qui les ont comblés; la vase sabloneuse ou boueuse du Rhône jettée par le Rhône dans la mer; les dépôts fluviatiles rejettés à leur tour par les courans sous-marins hors des eaux, annoncent donc l'immobilité du bassin de la Méditerranée, & les variations constantes du fleuve, & le jeu combiné enfin des courans du fleuve & de la mer qui ont atténué le sable quartzeux, élaboré le débris des êtres organisés maritimes mélangés avec les débris de nos montagnes.

2147. C'est à ces atterrissemens qu'on doit les changemens arrivés au Golfe que Strabon appelle Gaulois, & qui s'étend depuis le Cap Couronne, à trois

lieues au couchant de Marseille, jufqu'au Cap de Creux, nommé jadis *Promontoire Aphrodiſien*. Ce golfe eſt par-
tagé encore aujourd'hui, comme Strabon l'a écrit, en deux plus petits golfes,
par la montagne de Cette & l'île de
Breſcou ; mais le golfe du côté du
Rhône autrefois le plus grand , ſelon
Strabon , eſt devenu le plus petit , à
cauſe des atterriſſemens rejettés par ce
fleuve ; encore celui-ci ne mérite-t-il
plus le nom de golfe : car cette étendue
de la Côte eſt preſque en ligne droite.

2148. Quant aux embouchures du
Rhône , le témoignage de ces anciens
Auteurs prouve, combien ce fleuve a
opéré des ravages dans tous les tems ,
vers ſes approches de la mer. Il s'eſt
jetté dans la Méditerranée ſucceſſive-
ment en deux , trois , & juſques en ſept
branches ; il a quitté la foſſe Marienne,
creuſée par une Armée entiere , & à
peine reſte-t-il quelques traces de ce lit
factice , à Fos en Provence.

2149. A Aigues-mortes, on reconnoit encore les veſtiges d'un ancien lit,

appellés le *Rhône-mort*, & depuis la Craux en Provence, jufqu'au bord op- pofé dans le Diocèfe de Nifmes, on trouve dans la Camargue les matériaux d'un ancien lit qui a perpétuellement varié, qui a dépofé des atterriffemens à gauche, gagné la droite pour revenir encore à la gauche; en forte que cette île n'eft qu'un tas de matériaux délaiffés par ce fleuve. Voyez ci-après l'état ac- tuel de fes embouchures accidentales, & les variations que fon lit a éprouvé.

Il paroît même que les anciens ont connu l'inconvénient de conftruire des Ports maritimes dans le voifinage de ce fleuve : la Colonie de Nifmes où régnè- rent tous les Arts, l'Architecture, & l'art de bâtir au fuprême dégré, Co- lonie dont nous admirons encore la magnifique & fomptueufe architecture dans la Maifon quarrée, dans le Temple de Diane & les Arènes, ne voulut ou ne put conftruire aucun Port dans fes terres : elle fe fervit du Port de Nar- bonne plus éloigné du Rhône, & où les atterriffemens ne font pas accumulés.

par les flots auffi abondamment; & ce n'eft que dans des fiecles peu éclairés & peu obfervateurs, qu'on s'eft obftiné à établir des Ports fur un terrain auffi mouvant & à côté du Rhône, dont les fables ont comblé cinq Ports depuis le cinquième fiecle.

2150. Enfin on peut favoir combien fes embouchures ont varié, en comparant leur diftance réciproque, à celle que leur donne Ptolemée dans fa Géographie.

2151. Parmi toutes ces obfervations, il en eft une digne de remarque ; le Rhône ne comble pas ainfi par des fables, les Ports de Toulon & de Marfeille : celui-ci eft encore à peu près dans fon état primitif : en forte que le Rhône envoye fes fables principalement en Languedoc.

2152. Cette obfervation confirme l'exiftence du courant inférieur des eaux de la mer, dont la direction eft d'Orient en Occident, comme je l'ai dit ; (2070 & fuiv.); direction que la navigation & le paffage des vaiffeaux (de Marfeille) à Cette, confirme encore d'une autre maniere : car le voyage maritime de Marseille à Cette, est plus court que celui de Cette à Marseille.

2153. Tout annonce donc que ce courant inférieur a non-seulement comblé des Ports ; mais éloigné la mer de ses anciens bords. N. Dame des Ports, étoit un Port sur l'étang de Manguio en 898; Arnuste Archevêque de Narbonne, y tint un Concile provincial cette année ; & la mer en est éloignée aujourd'hui de demie lieue. Psalmodi, célèbre Abbaye, étoit une île en 815, & elle est éloignée aujourd'hui de six lieues.

Aimargues qui étoit au bord de la mer au commencement du IX. siecle, en est éloigné de huit lieues; & la ville de Meze, qui du tems de Strabon, étoit environnée de l'étang de Thau, & tenoit au Continent par une jettée, est située aujourd'hui sur la terre ferme, sans aucune jettée, quoiqu'elle s'avance dans la mer.

2154. Franque-vaux, Abbaye fondée

en 1143, étoit dans une vallée au bord de la plaine du Rhône : aujourd'hui les atterriſſemens ont été tellement accumulés, que ce lieu eſt ſéparé des vallées voiſines par l'élevation du terrain ſabloneux.

2155. Or, les plaines de Montpellier, de Mauguio, de St. Laurens, d'Aiges-mortes, de Pſalmody, de Franque-vaux, de St. Gilles, d'Arles, &c. &c. ont été formées, ou de petits cailloux roulés, ou de ce ſable mouvant, ſuperfin, quartzeux, briſé & trituré; en ſorte que cette immenſe plaine longitudinale étoit autrefois ſubmergée par la mer.

2156. Les Tours qu'on voit encore dans pluſieurs endroits voiſins des embouchures du Rhône, ont été bâties en différens tems pour garder l'entrée du fleuve, & arrêter les paſſans pour les payemens des péages ; mais la Nature s'eſt jouée de cette induſtrie : les bras du Rhône ont changé ; la Mer s'eſt retirée, & les Tours reſtent ſolitaires, iſolées, & ſtationnaires, ſans fonction,

au milieu des atterriſſemens délaiſſés
par le fleuve.

2157. Les ſables, les cailloux roulés,
ont donc ravi à la mer un ſol conſidérable; & ils l'ont éloignée de ſes anciens
bords. La ſurface de ce ſol ſabloneux,
forme un triangle irrégulier par les ſi-
nuoſités de ſes lignes, dont la mer depuis Aigues-mortes, juſqu'aux ſaintes-
Maries, forme un côté ; le Rhône depuis les ſaintes-Maries, juſques vers
Arles, forme le ſecond; & le chemin
depuis ce lieu, juſqu'à Montpellier, en
cotoyant les dernieres collines du Continent, finit le troiſieme ; en ſorte que
le ſol envahi par les ſables, avec ſes
zig-zacs, donne une ſurface d'environ
ving mille toiſes quarrées de ſables
entraînés par le Rhône, au détriment
des vallées des Alpes & de notre chaîne
de montagnes Vivaroiſes & Cevenoles,
& remaniés par les courans de la mer
qui ont ſouvent délaiſſé dans ces ſables
des coquilles de toute ſorte, & que j'ai
vu en abondance dans le bord actuel.

CHAPITRE IV.

CHAPITRE IV.

État actuel des bouches du Rhône. Variations du lit de ce fleuve, connues par des monumens historiques. Torrens perpétuels d'eau & de sable entraîné. Mobilité du lit du Rhône. La Camargue est une production du Rhône ; elle est formée de sel & d'atterrissemens. Le Rhône & la Méditerranée ont exécuté en petit, ce que l'Océan & les Fleuves ont opéré en grand en Hollande. Des sables du Rhône & des galets du Rhin. Changement du lit du Rhône, & changement du lit du Rhin. Extrême division du sable du Rhône, enlevé par la Bise. Travail ultérieur des flots maritimes sur les sables fluviatiles. Mélange de ce sable & de la vase avec le débris des êtres organisés maritimes. Comment de ce mélange de débris de coquilles & de débris de roches quartzeuses, il se forme de roches secondaires ou coquilieres. Vue des bords de la mer où s'opère ce change-

ment. Mouvement des eaux, & mélange des deux matieres hétérogènes. Récapitulation des travaux de l'eau, sous forme de brouillard, de pluie, de ruisseau, de rivière, de fleuve & de mer. Récapitulation des Phénomènes qu'on observe dans les corps exposés à l'action différente de l'eau dans ces états : état de roche, de bloc, de caillou roulé, de sable, de vase fluviatile, de vase maritime, & de roche secondaire coquiliere ; la beauté de la Nature & des campagnes dépend de ces révolutions. Plaines. Vallées. Terre mouvante. Problêmes à résoudre à nos Adversaires. Vues sur la sculpture des continens. Solutions des objections.

2158. LE Rhône sépare le Languedoc de la Provence : mais il appartient comme ses îles , d'un bord à l'autre, au Languedoc; en sorte que , lorsque le Rhône s'avance vers l'Occident , & laisse à sec des terres Orientales qui tiennent au Dauphiné , ou à la Provence , elles ne cessent pas de faire corps & d'appartenir au Languedoc ; la Camargue est restée pourtant aux Provençaux depuis plusieurs siecles.

2159. Un peu au-dessus d'Arles, commence cette île fameuse par le partage du Rhône en deux brassieres. La branche Provençale s'appelle *le grand Rhône*, & la Languedociene *le petit Rhône*.

Le grand Rhône se partage en six branches avant de se jetter dans la mer ; les six embouchures s'appellent les gras de Fos, de Fer, de la Bigue, de Beriche, du Midi & du Sauzet. Plusieurs Actes anciens nous rappellent des gras comblés par les crêmens ; savoir, les gras de Passon & de Pannanides.

2160. La branche Languedocienne du Rhône, appellée autrement le *Rhôdanet*, ou petit Rhône, est à peu près aussi large que la Seine ; elle passe sous Fourques, Argence, St. Gilles, la Motte, Olivier, &c. & se jette dans la mer par le Grau d'Orgon : car en Languedoc les embouchures se nomment Graux, & non pas Gras.

I 2

Près Olivier s'ouvre cette petite branche du Rhône, donnant des eaux au Canal de Silveréal, lequel se subdivise encore en deux Canaux appellés de Peccais & de Bourgidon.

Le Canal de Peccais se divise en trois autres, appellés le Rhône vif, le Rhône mort de la ville, & le Rhône mort de St. Romain.

Ces deux derniers se perdent dans l'étang du Repaufet, & le Rhône mort qui ne donne beaucoup d'eau qu'après les innondations, les laisse perdre dans des atterrissemens, depuis que son embouchure a été comblée & que le grau neuf n'existe plus.

Voilà l'état actuel des bouches du Rhône, j'ai voulu les décrire en détail, parce que variant perpétuellement, on pourra dans plusieurs siecles d'ici, si la postérité prend quelque part à ces Phénomènes, comparer l'état actuel à l'état futur de ses embouchures.

2161. L'examen des Archives des grands Propriétaires des environs du Rhône, nous attestent encore les ravages de fes atterriffemens accumulés depuis quelques fiecles. Une partie de fes îles dont le dénombrement & la defcription furent faits en 1378, par le Chapitre de Viviers qui en étoit propriétaire, a éprouvé fans ceffe des altérations & des changemens.

En 1730, les Procureurs des Etats de Provence repréfenterent au Roi, que le Rhône paffoit jadis le long de la montagne de Beaucaire, appellée la Coquillade; ils montrerent que ce fleuve s'en étoit retiré, qu'il avoit donné des crêmens à la ville de Beaucaire, & formé des terroirs fupérieurs au dépens du fol de la Provence ; & ces obfervations phyfiques porterent les Députés des Etats à réclamer le terrain perdu.

L'Archevêque d'Avignon, Julien de la Rovere, Cardinal, Seigneur de Barbentanne, s'empara de l'île Malimen, & *ayant*, (dit l'Arrêt du Parlement de Touloufe, 8 Mars 1493), *attaché, rompu, déchiré, & foulé aux pieds les Armes de France, que le Sénéchal de*

I 3

Beaucaire avoit fait planter à ſes Offi-
ciers, accompagnés de certains mauvais
Garnemens armés, s'étant introduits dans
les îles, les auroient uſurpées, ſavoir; les
îles de Malimen, l'Iſlon, le Colombier,
le Mouton, Larmaïon, Thomagon, Ri-
berolle, Bertrand, petit Mouton, Ber-
tranet, entre les côtes d'Aramon, Val-
labregue, Barbentanne & Bourbon.

Il réſulte de l'état actuel de ces îles
décrites dans l'ancien procès, que le
Rhône a conſervé l'île Thomagon & celle
du Mouton, les autres ont varié, elles
ont été effacées, multipliées, &c. en
ſorte qu'il reſte Quiuz, île entre ces villes, au lieu des dix nommés dans l'Arrêt;
quelques îles du Rhône ont été même
jointes au rivage Oriental de ce fleuve :
on connoit tout le terrain délaiſſé du
côté du Dauphiné, par le Rhône, qui
appartient au Languedoc; en ſorte que
cette Province s'étend demie-lieue au
delà du rivage Oriental de ce fleuve,
qui fut ſa premiere limite : ces changemens s'obſervent, depuis Donzere,
juſqu'à Mornas.

2162. La grande mobilité & la maſſe conſidérable des atterriſſemens ont occaſionné tous ces ravages ; elles ont produit le grand nombre & l'inconſtance des bouches du Rhône, qui ont ſi ſouvent changé de direction & de place : car il faut conſidérer dans le Rhône , deux torrens perpétuellement entraînés dans la mer, celui des eaux & celui des ſables ; ce dernier eſt ſi conſidérable vers les approches de la mer , que ce fleuve peut combler dans un ſeul jour un lit aſſez enfoncé, pour permettre le paſſage des Navires. On connoit les fonctions des Balizers que le Roi entretient dans ces lieux pour ſonder tous les jours, & montrer les endroits aſſez profonds & favorables au paſſage des Vaiſſeaux : ils ſe placent pour cela à diverſes ſtations, & on eſt convenu de certains ſignaux qui indiquent l'état du lit fluviatile.

Cette mobilité du lit du Rhône défend l'entrée du fleuve pendant la nuit, & ſur-tout pendant ſes crues d'eau : alors les dangers ne peuvent pas être

14

apperçus, & on fait qu'après les grandes pluies, les fables du Rhône changeant de place, établiffent des lits d'un autre ordre & d'une pofition différente.

2163. Toutes ces obfervations font craindre que le Rhône en accumulant de la forte les fables qui lui arrivent de nos montagnes, ne ferme lui-même toute avenue avec la mer : alors il fe perdra dans fes atterriffemens qu'il aura accumulés & élevés.

Ce phénomène eft déja arrivé dans un des anciens bras du Rhône, du côté de Peccais, & il s'eft manifefté en partie dans l'ancien grau des Saintes-Maries : le cours du Rhône avant d'arriver à cette bouche, coupoit à angles droits le bord de la mer ; mais cette branche du fleuve accumulant fes fables, la fit reculer, & les fables s'élevèrent affez pour fermer toute avenue aux eaux qui fe jettoient dans la Méditerranée : en forte qu'elles ne purent verfer dans cette mer, qu'en fluant à droite & à gauche ; évenement qui confirme en petit, le phénomène opéré en grand, dans la formation de l'île de la Camargue.

2164. La Camargue est le Delta de nos Provinces Méridionales ; sa surface est un amas confus de petites îles de sable & de marais ; son fonds est un ancien lit de mer sabloneux qui a retenu une grande quantité de sel.

Quand des siecles accumulés auront éloigné la mer Méditerranée ; lorsque le Rhône dépouillant nos montagnes aura agrandi le continent dans ces cantons, & changé les bords de la mer en terres, & qu'enfin la mer elle-même sera descendu par l'abaissement de son niveau ; alors la Camargue sera une espèce de mine de sel ; elle attestera aux Naturalistes de cet âge, l'ancienne station de la mer en ce lieu, comme nos pétrifications marines attestent, qu'elle a couvert nos plus hautes montagnes coquilieres : la Camargue ainsi formée des déblais de nos montagnes, augmentera sans cesse, à moins que l'industrie humaine ne donne au fleuve un lit factice qui arrête ses ravages, qui reſſerre ſes eaux, & qui dirige ſes ſables d'une maniere utile.

2165. Cette île, autrefois véritable lit du Rhône, ſemble annoncer à la poſtérité, un malheur pour le Languedoc & la Provence : je veux dire, le comblement des Graux, & l'invaſion du fleuve dans les terres de ces Provinces. On a vu le Rhône accumuler tant de ſables à Beaucaire, que les enfans paſſoient d'un bord à l'autre de ce fleuve en marchant : la diminution de ces eaux dans un tems de ſéchereſſe y concourut à la vérité ; mais l'élévation du lit, par l'arrivée d'une grande maſſe d'atterriſſemens pendant les pluies précédentes, avoit concouru auſſi de ſon côté à cet évènement.

2166. La Camargue & les terres adjacentes formées des déblais entraînés par le Rhône, annoncent cependant l'abaiſſement du niveau de la Méditerranée, ſur lequel les monumens hiſtoriques gardent un profond ſilence. J'ai vu près de Frontignan, au-deſſus de ce niveau actuel, des eaux limpides, courantes & ſalées.

Le crêment du Rhône lui-même, ce fable fuperfin & quartzeux produit de nos montagnes, eft farci de fel en plufieurs endroits élevés de plus de quatre pieds au-deffus des plus hautes eaux de la mer, ce qui porte à croire que ce niveau a été abaiffé depuis la formation de cet ancien atterriffement fluviatile fous-marin.

2167. Mais toutes ces obfervations, ces defcriptions de la Camargue & des côtes du Rhône, ne font qu'une petite repréfentation de ce qui eft arrivé en grand dans la Hollande, les plaines fabloneufes de cette Contrée; les marais deffechés par l'induftrie du peuple; les atterriffemens; tout ce fol eft une production récente des eaux qui ont entraîné ce fable des hauteurs vers la mer : les courans, les flots, le flux & le reflux remaniant les fables fluviatiles d'une autre maniere, & avec plus de force & de célérité que les petits courans de notre Méditerranée, ont formé d'immenfes Contrées & des terres neuves & mouvantes que la feule induftrie

d'un peuple libre & paſſionné pour défendre ſa propriété, a pu fixer & mettre
à ſec ſous l'aſpect du Soleil, en rete-
nant les mers dans des digues.

2168. Dans cette partie du Globe,
les Fleuves agiſſent même d'une maniere plus active & plus puiſſante. Le
quartz des montagnes, matière la plus
dure, eſt tellement atténuée, qu'il eſt
changé en pouſſière, en ſable & en glo-
bules, connus ſous le nom de Galets,
ou Cailloux du Rhin : enfin les ſables
y ſont chariés avec une telle abondance,
que M. le Comte de Coutloury, vient
d'obſerver le lieu du paſſage du Rhin
de l'Armée de Louis XIV. changé en
terre, & le courant d'eau tranſporté
ailleurs.

2169. Pluſieurs Naturaliſtes ne peuvent croire que le Rhône aît formé ſes
cailloux roulés, & que le Rhin aît arrondi
ſes quartz : la plupart en attribuent l'origine à d'anciennes innondations ; mais
en réfléchiſſant avec un peu d'attention
ſur les forces lentes & bien ménagées,
néceſſaires à la fabrication d'un caillou

roulé de quartz, ils reconnoîtront dans la force de charroi de ces deux Fleuves, toutes les opérations néceſſaires à l'arrondiſſement & au poli de ces cailloux ; il faut pour cet objet toute l'attrition, pour ainſi dire, le poids & la compreſſion d'un atterriſſement : le fleuve dans ſa progreſſion remue puiſſamment la maſſe de cet atterriſſement, à chaque inſtant il ſe fait des milliards de petits frottemens; chaque petit choc du grain de ſable contre le grain de ſable, diminue la maſſe principale & l'arrondit, & les petits angles ſont changés en boue, & en pouſſiere s'ils ſont délaiſſés à ſec.

2170. Voyez dans Avignon ſur la montagne de Doms & ſur la Tour de Notre - Dame, l'état des ſables du Rhône : délaiſſés à ſec après une innondation, la biſe porte ces grains quartzeux infiniment petits, juſqu'à cette hauteur : enfin j'ai vu le papier ſur lequel je rédigeois au Séminaire quelques obſervations, couvert de ce ſable : une forte biſe l'élevoit, & elle pénétroit à travers une vitre fendue, quoique la fente fût presque imperceptible; au lieu de chercher la nature pour la trouver au fait, elle venoit elle-même se déciller à mes yeux, & me dictoit les métamorphoses lentes & insensibles des hautes montagnes de ma Patrie en pierres informes, en cailloux roulés, en sable & en poussiere par l'opération des eaux courantes.

2171. Tous ces phénomènes occasionnés par le charroi des atterrissemens, reçoivent des modifications dans la mer. Lorsque les sables fluviatiles sont devenus sables sous-marins, de nouveaux courans remuent l'atterrissement dans un autre sens, & atténuent d'avantage les sables nouveaux venus; bien-tôt il se fait des divisions & subdivisions de chaque grains : en sorte qu'une pierre de Granit si dure & si compacte sur nos montagnes, dissoute pour ainsi dire, par ces eaux, n'y est plus qu'en forme de vase maritime, ou de boue mélangée avec les détrimens des êtres organisés, & des coquilles qui dominent dans cette nouvelle pierre.

2172. Ainſi la Nature continue encore ſes anciens ouvrages. Quand j'ai écrit qu'il exiſtoit un Monde ancien, pendant lequel toutes les montagnes primitives exiſtoient avant la formation des roches calcaires ; quand j'ai dit que des détrimens de l'ancienne roche & des débris des êtres organiſés il ſe forma des pierres animales ou roches coquilieres , ce ſentiment parut hazardé. J'appelle aujourd'hui aux bords de la Méditerranée tous ceux qui ne peuvent être de cet avis ſi ſimple & ſi naturel , & j'expoſe à leurs yeux la vaſe maritime produit de nos hautes montagnes , véritable agrégat de roches antérieures & de débris des coquilles qui forme une matière de formation plus récente.

2173. J'expoſe à préſent aux yeux des Naturaliſtes les merveilles de l'eau, en peu de mots & en forme de réſultat, en conſervant l'ordre chronologique des phénomènes.

1°. La chaleur éleve les brouillards de la Méditerranée.

2°. Le vent du Midi les porte vers le Nord.

3°. Les montagnes Cévenoles, Vivaroifes & les Alpes, arrêtent les brouillards & les condenfent.

4°. Ils tombent en pluie.

5°. Une goutte de pluie détache un grain de terre.

6°. Une infinité de gouttes forment des Torrens.

7°. Les Torrens détachent des blocs de roches.

8°. Ces roches perdent leurs angles (partie la plus foible) en roulant & en fouffrant le roulis des voifines.

9°. Ce roulement arrondit les blocs; les frottemens des cailloux mobiles & paffans, perfectionnent leur figure & les poliffent d'avantage.

10°. Les Torrens & les Fleuves n'ont pour lit que des pierres roulés des lieux où ils ont paffé, ou des fables qui en font le plus fin détriment.

11°. Les cailloux deviennent plus petits aux approches de la mer.

12°. Et cette mer qui n'a donné que
des

des vapeurs à l'atmofphere, reçoit des Fleuves & d'immenfes détrimens des montagnes ; telle eft la ferie naturelle des Phénomènes antécédens qui préparent le changement des mers en terre, & charient toute terre mouvante.

2174. Mais cette deftruction admirable dont aucun Naturalifte n'a développé encore les Phénomènes, au lieu d'emmener le défordre, donne à la furface de la terre, ce qu'on appelle la beauté. Les fommets des montagnes à la vérité, s'hériffent de pics qui font déchireés à la longues, par de profondes excavations : mais les lieux moins élevés du globe deviennent des plaines riantes. La mer qui fournit l'eau atmofphérique, ce mobile de tous ces Phénomènes, reçoit dans fon fein par le courant des Fleuves tous ces détrimens du Continent. Bien-tôt il s'éleve une plaine du fein de fes eaux. De nouvelles pluies apportent de nouveaux terrains, & les plaines inférieures s'élevent encore. Les vallées latérales elles-mêmes reçoivent des atterriffemens accumulés par les

Tome V.   K

rivières, & depuis l'embouchure des
Fleuves jusqu'au sommet des montagnes
les plus inacceſſibles, le ſol s'élève in-
ſenſiblement. Les roches vives du globe
affreuſes & infécondes, ſont cachées
aux yeux du Voyageur : en ſorte que
cette terre mobile au lieu de conſer-
ver les montagnes, atteſte elle-même
qu'elle eſt le monument de leurs dé-
gradations.

2175. Paſſive & expoſée au jeu des
élémens, cette terre mouvante reſte
quelque tems ſtationnaire ; mais lorſque
les circonſtances accidentelles & locales
n'exiſtent plus, obligée d'obéir au torrent, elle ſe précipite elle-même à ſon
tour ; elle devient de nouveau & ſuc-
ceſſiblement ſable fluviatile, atterriſſement & vaſe maritime, ſubmergée dans
les eaux de la mer, ou rejettée par les
flots.

2176. Voilà tout le jeu de la Nature :
jeu ſimple comme elle, & entierement
ſoumis à toutes les loix de la Phyſique,
à celles de l'Hydroſtatique & de l'impulſion, les plus connues : c'eſt la ſolution

la plus parfaite du premier problême de Géographie phyfique. L'imagination humaine faute de découvertes locales, ou faute de réunir l'obfervation à l'obfervation, a fouvent imaginé des inondations & d'autres phénomènes femblables ; mais j'expofe à leurs Sectateurs, la ferie des Phénomènes fuivans, & je défire qu'on les explique dans le fyftème des inondations.

1°. Comment une inondation a pu démanteler les montagnes.

2°. Comment elle a pu changer les blocs détachés, en gros cailloux roulés de 5 ou 6 pieds.

3°. Comment depuis les hauteurs jufqu'à l'embouchure des Fleuves qui eft le lieu le plus bas, l'inondation a pu donner aux cailloux des volumes qui diminuent de plus en plus, depuis le caillou de fix pieds d'épaiffeur des hautes montagnes, jufqu'au grain de fable prefque infenfible, reçu dans le fein de la mer.

4°. Comment une inondation peut creufer des vallées profondes, fans déranger les couches des montagnes.

5°. Comment une inondation peut changer dans le moment ces déblais informes en cailloux roulés, fphériques ou lenticulaires.

6°. Comment, fur-tout une inondation fubmergeant une montagne, a pu creufer les vallées du Nord, du Midi, de l'Orient & de l'Occident, qu'on voit partir du même fommet, formant les vallées divergentes.

7°. Comment il peut fe trouver des Craux au bord de la mer, c'eft-à-dire: des amas de cailloux actuellement entraînés & chariés par les eaux courantes.

8°. Enfin, comment le fyftême des vallées creufées dans le vif du Globe terreftre, offre la forme d'une plante, qui a un tronc & des branches : en forte que toutes les eaux pluviales font reçues dans de petits rameaux de vallées qui verfent dans une feule vallée, laquelle verfe dans la grande vallée du fleuve où fe rendent toutes les eaux.

2177. Cette magnifique fculpture qui s'offre dans tous les continens, m'a

toujours frappé : je défie les cent par-
tifans du fyftême des inondations, d'en
expliquer la formation ; tandis que la
bonne phyfique & l'obfervation fe réu-
niffent pour adopter le fyftême de l'excavation des vallées & la formation des
cailloux roulés, par l'opération lente &
infenfible des eaux courantes fur la furface du globe terreftre. Les faits hiftoriques que je viens de mettre au jour,
prouvent cette vérité : ils annoncent
que le Rhône en accumulant fes fables,
forme des continens confidérables aux
dépens des vallées & des montagnes.
Ce fait *démontre* dans toute la force du
terme, que les continens font fillonnés
tous les jours par les eaux ; que les vallées deviennent toujours plus profondes ; que les montagnes s'abaiffent ; que
les plaines s'élevent ; que la mer recule ;
que les baffins des rivières & des ruif-
feaux fe forment peu à peu dans le vif
des roches ; qu'ils s'uniffent aux baffins
des Fleuves. Enfin toutes ces obfervations confirment la théorie du caillou
roulé fluviatile, dont j'ai expofé la mar-

K 3

che & décrit les ftations, les mouvemens & les phénomènes dans mon
Tom. I. (§. 71 & fuivans.) D'après des
remarques détaillées, faites depuis le
bord de la mer, jufqu'au fommet des
montagnes Vivaroifes, en fuivant le
cours du fleuve & rivières qui fe jettent
dans fon cours.

*FIN de l'Hiſtoire Naturelle des
embouchures du Rhône.*

PLAN

D'UNE

HISTOIRE

PHILOSOPHIQUE

DU

PROGRÈS DES SCIENCES

EN FRANCE,

Depuis 1700, *jusques & compris*
1782.

AVANT-PROPOS.

ARRêtons ici nos pas pour quelques momens, & réfléchissons sur cette suite de découvertes qu'a fait l'esprit humain dans ce siècle : présentons à la Nation le tableau de ses connoissances qui l'ont rendue immortelle, & qui lui assignent dans l'Histoire des hommes, la premiere place dans l'ordre des Sciences.

Les découvertes des Savans sur la Physique, la Minéralogie, la Géographie physique, &c. ont été le fondement de tout ce que nous avons écrit jusqu'à présent. Lorsque des hauteurs du Mezin nous avons vu la succession des climats Botaniques, & qu'au bord des Fleuves nous avons reconnu les principes de la sculpture du globe & les travaux de l'élément liquide ; ces deux sortes d'observations ont supposé bien de recherches antérieures, & l'analise des progrès des Savans dans la Physique des Plantes & la Géographie physique.

C'eſt l'analiſe de ces progrès que nous offrons au Public dans notre Hiſtoire des Sciences, objet véritablement intéreſſant & curieux, puiſqu'il offre l'eſprit humain dans le ſiècle le plus éclairé qui ait jamais exiſté.

Nos travaux ſur la Phyſique de la France ſuſpendent la publication de ce nouvel Ouvrage : aujourd'hui nous n'en donnons que le plan, les diviſions, le ſommaire des livres, la connexion des idées & leurs réſultats.

Ce tableau ſuffit pour publier nos vues ſur ce grand objet, & ſur-tout pour confondre ceux qui attribuent de l'incohérence & de la futilité à l'eſprit des Gens de Lettres Français. Jettez les yeux, on peut leur dire, ſur ce Tableau, le fruit de nos ſpéculations; mettez-le en parallèle avec les découvertes étrangères; comparez & voyez, s'il exiſte une Nation dont le climat ait été auſſi propice, & dont les têtes ſoient plus fécondes en découvertes.

Je vais donc rechercher les moyens dont l'eſprit humain s'eſt ſervi dans ce

fiècle pour étendre & varier fes connoiffances, & pour en faire le fiècle le
plus favant qui ait jamais exifté.

Je n'expofe point l'ordre & les rapports métaphyfiques que toutes les
fortes de connoiffances humaines ont
entr'elles : le Difcours préliminaire de
la premiere Encyclopedie a donné cette
théorie avec un applaudiffement uni-
verfel; j'expofe feulement l'ordre chronologique que les vérités, aujourd'hui
connues, ont obfervé, à mefure qu'elles
ont été apperçues.

Le hazard a beaucoup produit dans
les Arts & Métiers; mais le feul rai-
fonnement a créé les théories, les mé-
thodes & les vues fcientifiques ; il a
trouvé encore de nouvelles vérités dépendantes de celles qui étoient déjà
connues, & formé la théorie de celles
que le hazard à quelquefois indiqué.

Je recherche donc comment l'efprit
humain, paffant du plus fimple au plus
compofé, reconnut d'abord en France
quelques vérités primitives; comment,
par la comparaifon perpétuelle des vérités à d'autres vérités, il eft parvenu

à perfectionner chaque Science en particulier ; comment la comparaison des
Sciences déjà établies, les a multipliées.

Par exemple , quelques faits généraux ont établi les fondemens de la Phyfique ; bientôt la Phyfique, cette même
Science fi confufe & fi obfcure à nos
aïeux, devient la Science des faits. Dans
l'Aftronomie , elle donne les fondemens
de la marche des Cieux. Dans la Méchanique, elle calcule les forces & les
puiffances motrices. Dans la Chymie ,
elle dévoile la fupercherie des Alchymiftes , pour ne permettre que des
objets fcientifiques.

Ainfi une feule Science qui pofsède
de bons principes établis fur des faits
généraux, outre fa perfection particuliere , fert à perfectionner encore les
Sciences analogues & voifines.

Bientôt la réunion des Sciences produit de nouvelles idées ; & dans une
Nation éclairée, & même dans une Société littéraire, animée de l'efprit des
découvertes, on voit de nouveaux objets produits par la voie de la comparaifon , phénomène que notre fiècle a

vu s'opérer en grand ; la Minéralogie
lithologique, précédée de la Physique
& de la Chymie, a paru sortir du néant.
De nouvelles expériences empruntées
de la Chymie, ont appris que l'eau &
le feu avoient formé séparément les
roches qui composent la terre ; on a
reconnu les principales matières qui
composent le globe terrestre ; les matières granitiques & calcaires, & les
matières volcaniques ont paru former
les substances de sa surface.

La comparaison de ces objets a en-
fanté bientôt de nouvelles connnois-
sances : le Voyageur instruit de ces
vérités primitives, comparant les montagnes hétérogènes entr'elles, leur direction réciproque, la position relative
des matières formées par le feu, &
celles formées par l'eau, a reconnu les
vérités primitives de la Géographie
physique ; & aujourd'hui nous voyons
cette Science faire de nouveaux progrès : ainsi des vérités primitives, &
des découvertes antérieures en Minéralogie, en Géométrie & en Physique,
sont devenues de nos jours & sous nos

yeux les fondemens de cette nouvelle
Science.

J'ai donc prouvé par ce feul exemple
pris au hazard, que les Sciences humaines, outre leurs rapports métaphy-
fique, s'engendrent mutuellement, &
qu'elles fe perfectionnent par la comparaifon. Or l'hiftoire des Sciences,
dans le dix-huitième fiècle que je préfente, n'eft que l'étude de ces fecours
réciproques ; ce fiècle le plus favant qui ait jamais exifté, a fuccédé
à des fiècles peu éclairés, & ceux-ci
à des fiècles d'ignorance. J'examine ces
divers états & ces progrès fucceffifs de
nos connoiffances modernes , effayant
d'offrir à la poftérité les noms & le tableau des Savans qui ont opéré cette
mémorable révolution dans l'efprit humain.

Mon entreprife, j'ofe le dire, mérite
des fecours & des encouragemens. Si j'ai
obfervé la véritable marche de l'efprit
humain dans fes progrès paffés, fi j'ai reconnu la méthode qu'il a fuivi pour fe
perfectionner, il eft utile & curieux de
philofopher fur fa marche naturelle ;

d'ailleurs les vérités à découvrir étant infinies, relativement aux vérités découvertes, la méthode connue appliquée à la recherche des vérités non découvertes, doit infiniment aider à l'avancement futur de la Science.

Déjà tous les Savans reconnoiffent la néceffité d'écrire l'hiftoire des Sciences : la véritable méthode d'expofer de nouvelles vérités & de les faire adopter, confifte à montrer quelle eft l'opinion reçue fur un objet quelconque, & quelle doit être celle qu'on lui fubftitue. C'eft un ufage reçu, même dans un fimple Mémoire fur un objet nouveau, de citer les Auteurs qui nous ont dévancé, afin de montrer la fucceffion naturelle des travaux de l'efprit, & par quels fecours antérieurs on s'eft élevé jufqu'aux nouvelles découvertes.

Mais il manque à la République des Savans une Hiftoire univerfelle des découvertes dans les Sciences ; une réunion des Hiftoires de la Phyfique, de la Chymie, de l'Aftronomie phyfique, Géographie phyfique, Minéralogie, Hiftoire naturelle, Botanique,

Météorologie, &c. Sciences modernes
que notre siècle a vu naître, pour ainsi
dire, se propager & s'étendre, & qui
ont occupé les plus beaux génies de
la France.

HISTOIRE

HISTOIRE

DES

SCIENCES

Dans le Dix-huitième Siècle.

PREMIERE PARTIE,

Contenant l'Histoire des Sciences exactes depuis 1700 jusqu'à 1750.

LIVRE PREMIER.

Sommaire.

ETAT des Sciences & des Arts en Egypte. Génie & production des Arts

Tom. *V.*   L

chez les Égyptiens : état des Sciences dans la Grèce : nouveaux progrès de l'efprit humain dans les Arts chez les Grecs : de la Science & des Arts chez les Romains : récapitulation chronologique des découvertes dans les Sciences jufqu'à la fin du dix - feptième fiècle. Vues fur une longue fuite de fiècles d'ignorance.

LIVRE II.

Sommaire.

Vue générale des progrès de l'efprit humain dans les Sciences & Arts fous Louis XIV : préliminaires qui préparent les découvertes du dix-huitième fiècle ; magnificence du Monarque ; des Sciences primitives que doit cultiver une Nation qui veut s'éclairer ; état des Sciences en France en 1700; les Sciences Mathématiques y précèdent toutes les autres ; des Sciences. mères & des Sciences *dépendantes.*

LIVRE III.

Sommaire.

Etat de la Botanique en France au

commencement de ce fiècle. De Magnol, de Rumphius, de Tournefort.
Etat des Ouvrages de ce père de la
Botanique moderne; nouveaux efforts
de ce Savant; première idée fur le
climat des plantes; Magnol écrit fur
le caractère des plantes; elles font con-
fidérées comme herbes & comme arbres; les pétales, les corolles & le ca-
lice font le fondement de fes divifions.
Garidel écrit l'hiftoire des plantes de
Provence. Vaillant prouve dans les
plantes la diftinction des fexes, & la
manière dont s'ouvrent les antères.
Obfervations fur les empreintes de
plantes dans les ardoifes de S. Chau-
mont.

Etat de l'Aftronomie phyfique au
commencement de ce fiècle. Des travaux de Caffini, &c. La pofition du
premier Méridien eft déterminée dans
les Ifles Canaries. Hiftoire de ce
voyage.

Etat de l'Hiftoire Naturelle au com-
mencement de ce fiècle. Voyage de
Labat en Affrique & en Amérique.
Nouvelles découvertes dans cette
Science.　　　　　　　　**L 2**

Histoire des ouvrages de Bourguet ;
idées anticipées fur la Géographie phyfique ; diftinction des cryftaux du premier ordre, des cryftaux ftalactites &
des cryftaux falins. Théorie de la dé-
compofition des fels par la diffolution.
Figure des elémens du cryftal de roche
& quartz. Théorie du cryftal & de fa
forme hexagone. Hiftoire des découvertes antérieures fur les élémens des
cryftaux ; explication des phénomènes,
de la différente groffeur des prifmes ,
des prifmes à deux pointes , de l'union
de plufieurs pyramides , de la différence des plans , des longueurs différentes ; de la défectuofité , des monf-
truofités. Application de ces principes
à la théorie de la formation des fels ;
de la forme des élémens des fels, des
formes primitives du fel commun , du
vitriol, du cryftal d'Iflande, de l'alun,
du nitre , &c. formes cubiques & tri-
angulaires ; des figures pyramidales
carrées , des triangles équilatéraux.
Bourguet ayant reconnu les formes géométriques primitives, & donné la theo-
rie des cryftaux, des ftalactites & des

fels, quelles vérités peuvent être ajoû-
tées à ces vérités primitives ou en dé-
pendre ? Célèbres Plagiats. Comparaifon que Bourguet fait du fol de
Nifmes, fa Patrie, avec celui des
Alpes ; fur les angles faillans. Son fyf-
téme fur la génération. Examen de ces
idées. Obfervations fur Telliamed, &c.

Etat de la Chymie en 1700. Ruine
du parti des Alchymiftes. Cette forte
de Secte enveloppée de tenèbres, eft
dévoilée par des principes clairs & lumineux. Union de la Phyfique & de la
Chymie. Nouveaux principes fur l'eau,
l'air, la terre & le feu. Cette méthode
naturelle de perfectionner la Chymie,
apprend à la poftérité des Chymiftes,
que la Phyfique eft la feule bafe de
leur doctrine. Elle éloigne de cette
Science l'efprit fyftématique. Mauvais
effet de la *difcipulomanie* dans la Chymie. la véritable théorie dans la Chymie ne connoît qu'une collection de
faits pour la bafe. Doctrine de Hom-
berg, de Lémery, &c. en France.
Nouvelles obfervations. Premiers travaux fur la porcelaine.

L 3

État de la Physique en France dès l'an 1700. Nouvelle théorie du son ; l'aurore boréale soumise aux observations physiques ; on découvre sa hauteur & la région qu'elle occupe. On explique ses phénomènes & ses apparitions. Révolution dans la Météorologie. Nouveaux Thermomètres ; construction fixe & générale pour tous les temps & tous les lieux. Correspondance de tous les Savans à l'aide de cette mesure. La congélation & l'eau bouillante, fondemens extrêmes des divisions ; la chaleur invariable des profondes concavités en font le terme moyen. L'Anatomie éclaire l'Insectologie. Nouveaux progrès dans la Science des insectes. Leurs mœurs, leur anatomie & leur physiologie sont décrits ; physique de leurs métamorphoses. Division des insectes en chenilles, en pucerons, en Gallinsectes, en mouches & en vers. Nouveaux progrès dans la Physiologie des insectes : de la section du ver en tronçons, & du partage de la vie en chaque tronçon. Nouvelles vues sur la vitalité des êtres organisés.

Le Roi Louis XV décrit le cours des
rivières de France.

LIVRE IV.

Sommaire.

Mesure de la terre au cercle polaire.
Voyage dans la Zone torride & vers
les glaces du Nord. Histoire de ces
voyages mémorables. Nouvelles découvertes ; observations pour déterminer
l'applatissement de la terre. Comment
on reconnut les degrés plus petits vers
le pôle que vers l'équateur ; la figure
de la terre est enfin déterminée. De
l'aiguille aimantée à Tornéa ; progrès
de la Géographie physique, & de la
théorie du globe qui en résulte. Vues
de Newton démontrées. Voyage sous
l'équateur ; mesure de plusieurs degrés
du méridien ; observations trigonomé-
triques & astronomiques faites avec la
derniere précision. On observe en chemin un triple arc-en-ciel. Théorie de
ce nouveau phénomène. Rigueur du
climat vers les pôles ; thermomètres ge-
lés. La direction du méridien rectifiée.

Table de la longueur du degré du méridien au cercle polaire. Obfervation fur l'Hiftoire Naturelle. Hiftoire de la propagation. Juffieu obferve l'explofion & la maniere dont les grains de poufliere des antères des plantes s'ouvrent. Théorie de la formation des os. Hiftoire des progrès de l'Anatomie depuis 1700, jufqu'en 1741. Hiftoire de la Phyfiologie humaine ; des fecours qu'elle emprunte de la Phyfique & des Mathématiques dans le détail des fonctions animales. Hiftoire de la Secte des Méchaniciens dans la Phyfiologie. Nouvelles découvertes en Hiftoire Naturelle. On découvre que les coraux, les madrepores, les litophites & les cératophites font les productions animales ; travaux ultérieurs de Clairaut, fur la figure de la terre. Premier projet des cartes de France. Leur utilité pour les projets d'adminiftration provinciale, pour la Géographie phyfique, pour les campemens d'Armées, &c. Imitation de cette carte dans les Pays-bas & les Etats du Nord.

Nouvelle méthode de claſſer les
plantes par les feuilles : la figure, le
nombre, la ſituation & le défaut des
feuilles ſont les fondemens de ce ſyſ-
têmé. Hiſtoire de la nomenclature dans
les Sciences. Examen de cette méthode de traiter les Sciences. Les
plantes de Vérone, miſes au jour par
un Savant François, elles ſont conſi-
dérées comme herbes, arbres, arbriſſeaux & ſous arbriſſeaux. Corolle &
ſes variétés dans ce ſyſtême. Nouveaux
ouvrages mathématiques. Diſputes en
France ſur l'admiſſion du ſyſtême de
Newton.

LIVRE V.

Sommaire.

De nouvelles Sciences ſe multi-
plient en France. De l'Electricité, de
la Chymie, de la Phyſique, de l'E-
lectricité & de la Géographie médicale.
Secours réciproques que ſe donnent
ces Sciences. Premiere idée d'une carte
minéralogique. Voyages minéralogi-

ques. Découverte de la diftribution
naturelle des minéraux fur la furface
de la terre. Hiftoire des plantes para-
fites. Nouveaux progrès de la Phyfique
& des Méchaniques. Miroirs ardens
pour brûler à de grandes diftances.
Nouveaux progrès de la Botanique.
Du fyftême des glandes dans les plantes. Nouvel ordre des plantes. Phyfiologie de cet organe des végétaux.
Méchanifme de la tranfpiration. Etat
de la nature dans le Sénégal. Nouvelle Conchyliologie. Anecdotes fur
les Sciences fous le Régent. Influence
de fon Adminiftration fur leurs progrès.
Nouveaux travaux dans l'Art militaire.
Suite des Anecdotes fous Louis XV.
de l'Art Militaire dans les guerres
de 1733 & 1741. De l'Ouvrage intitulé *les Rêveries*. Génie du Maréchal
de Saxe. Ecole Royale Militaire. Etu-
des militaires.

SECONDE PARTIE,

Contenant l'Hiſtoire des Sciences depuis 1750, juſqu'en 1782.

LIVRE PREMIER.

INTRODUCTION.

Sommaire.

Nouveaux progrès de l'eſprit humain vers l'année 1750. Toutes les fortes de Sciences ſemblent ſe donner la main & ſe ſoutenir à cette mémorable époque du dix-huitième ſiècle. De la Phyſique & des Mathématiques. De ces deux Sciences & de l'Hiſtoire Naturelle. De ces trois Sciences & de la Minéralogie moderne. De toutes ces Sciences & de la Chymie : de la Chymie & des Arts & Métiers. Unité de la Science & multiplicité de la Science dans une Nation éclairée. Des Sciences ſimples & primitives. Des Sciences primitives, & des Sciences unies aux productions de l'imagination. Vues fur la feconde époque des Sciences aux approches du milieu du dix-huitième fiècle.

LIVRE II.

Sommaire.

Hiftoire détaillée des Sciences depuis l'année 1750. Nouveaux progrès de l'Hiftoire - Naturelle en France, Ouvrage intitulé *Vénus Phyfique.* Conjectures fur la génération & fur les vers fpermatiques : vues fur les variétés de l'efpèce humaine dans les différentes contrées du Globe. Nouvelles Obfervations microfcopiques. Etat des Mathématiques en France. Problêmes réfolus. Quelques vues de Newton démontrées. Nouvelles Théorie du Monde par la projection d'une comète. Jugement des Savans fur cette idée. Expofé de la Géographie du Globe. Obfervations fur les changemens des terres en mers, & des mers

en terre. Vues fur les êtres organifés :
fyftême des moules intérieurs. Nouvelles Expériences microfcopiques fur
la génération. Hiftoire de l'homme :
les quatre âges de la vie. Defcription
de ces quatre âges. Phénomènes de
l'humanité dans ces quatre âges. Premiere Encyclopédie en France. Théorie des progrès de l'efprit humain.
Analyfe des différentes facultés de
l'ame. Nouveaux voyages en différentes contrées du Globe. Obfervations
fur la parallaxe de la Lune au Cap de
Bonne - Efpérance. Voyage à Berlin
pour le même objet. La diftance de la
Lune à la terre reconnue. Vraie pofition du Cap de Bonne-Efpérance. Mefure du Méridien dans la partie la plus
auftrale du Continent. Pofition comparée de neuf mille huit cent étoiles
auftrales invifibles à notre hémifphère
feptentrional. Réfultat général des me-
fures des Méridiens fous l'Equateur ,
& au-delà du tropique du Capricorne ,
par des François , dans l'efpace de
vingt-ans. Conclufions fur la figure de
la terre : influence de ce nouveau fa-

voir à la fcience de la Théorie du Globe. Voyage dans l'Amérique fepten-
trionale. nouvelles cartes de fes côtes.
Déclinaifon de l'Aimant dans ces régions. Courants & marées. Nouveaux
progrès de la Minéralogie en France.
Découverte de nos granits : leur hiftoire. Defcription minéralogique de
plufieurs Provinces. La Minéralogie
donne des principes à la Géographie
phyfique : premiers fondemens de cette
nouvelle fcience. L'art de filer & d'or-
ganfiner les foies , perfectionné ; progrès de plufieurs arts éclairés & guidés
par la théorie des fciences. Progrès
de l'Agriculture. Première découverte
des volcans éteints & de la pouzzo-
lane en France. Progrès fubféquens
de la Chronologie phyfique du monde
& de la Géographie phyfique : queſeau
& le feu ont agi tour-à-tour pour
former les montagnes de la France.
Hiftoire des animaux domeftiques. Defcription du Cabinet du Roi. Anatomie comparée : vues fur les animaux
carnaciers : fuite de l'Anatomie comparée : fuite de la defcription du Ca-

binet du Roi : fuite des quatrupèdes :
nomenclature des finges. Suite de l'A-
natomie comparée ; réfultats. Obfervations fur le Traité des Animaux de
Condillac. Examen impartial de cet
Ouvrage. Minéralogie de la Cham-
pagne & des environs de Paris. Ar-
doifières d'Angers. Minéralogie d'Auvergne. Voyage à l'Ifle de Rodrigues.
Traverfes éprouvées : vue du paffage
de Vénus. Conféquences. Hiftoire du
voyage en Sibérie : découvertes en
Hiftoire Naturelle. Nouvelles idées fur
l'économie animale. des bains en Ruf-
fie : détermination de la longitude &
de la latitude de Tobolsk, de Cazan
& de Moskow. Vue du paffage de Vénus fur le Soleil : mefures itinéraires :
mefures de la hauteur de la Sibérie
au-deffus de là mer. Minéralogie du
Nord. Electricité naturelle. Le moral
& le phyfique du Nord mieux connus en Europe. Autre voyage dans les
Indes orientales. Obfervations du paffage de Vénus. Carte de la côte orien-
tale de Madagafcar. Obfervations phyfiques , géographiques & aftronomi-

ques. Voyage à Manille pour le second
paſſage de Vénus. Le phénomène eſt
caché par un nuage. Récapitulation
des vérités découvertes par les Voyageurs François. Nouvelles découvertes
ſur la phyſique des plantes : nouvelles
vues ſur l'Agriculture. Anciens pro-
cédés rectifiés. De la marche de la
nature dans l'accroiſſement des végétaux, dans la nutrition des plantes,
dans la nature de leurs ſucs. Nouvelles
Obſervations ſur leurs tranſpirations
& ſur leurs maladies, ſur l'étiolement
& ſur la ſimpathie des plantes pour
la lumière. Hiſtoire des découvertes
ſur la ſenſitive. Réſultat de la doctrine
de l'Auteur. Voyages en Italie. Suite
des progrès de la Phyſique.

Les plantes ſont diviſées en cin-
quante-huit familles. Les rapports réciproques & comparés ſont les principes de cette diviſion. De la parenté
naturelle des familles, principes qui
ſéparent les plantes éloignées : pre-
mières idées d'une nomenclature des
ſubſtances naturelles ſur le même plan.
Examen de cette méthode. Nouveau
progrès

progrès de la Botanique par le fecours d'une Phyfique faine & expérimentale : la Botanique phyfique inconnue aux anciens. Premier voyage d'un François autour du monde. Paffage du détroit de Magellan. Nouvelles Obfervations fur l'Hiftoire Naturelle de l'homme fauvage; de fon odorat exquis : Hiftoire de la Nouvelle-Zélande. De l'exploitation des bois taillis & des hautesfutaies : de la force des bois pour les vaiffeaux.

LIVRE III.

Sommaire.

Etat de la nouvelle Chymie en France. Simplicité des principes de la véritable Chymie. Elle eft établie fur les loix de la Phyfique, quant à fa théorie, & fur les expériences, quant à fes conclufions. Elle diftingue l'École de France. Simplicité & unité de fa doctrine. Elle eft invariable. Sa liaifon avec les loix de la nature les plus générales. Elle eft fondée fur les découvertes phyfiques des Modernes.

Variations des Ecoles entr'elles; & de
chaque Ecole en particulier : de l'Ecole
de Dijon. Progrès de l'esprit humain
à Dijon dans les Sciences Physiques.
Essais de plusieurs instrumens relatifs
à la longitude. Voyage du Havre à
Amsterdam. Histoire des montres marines. Nouvelles découvertes microsco-
piques. L'art d'exploiter les mines de
charbon de terre, perfectionné & décrit.
Economie physique de ce minéral. Voyages en Californie & à Saint - Do-
mingue pour le passage de Vénus sur
le disque solaire. L'Ornithologie sous
un nouveau jour. Vues sur la nature
des Oiseaux carnaciers & granivores.
Suite de la nomenclature. Oiseaux
étrangers mieux connus. Observations
sur les élémens, sur les progrès de la
chaleur dans les corps & sur ceux du
refroidissement. L'art de conserver &
de rétablir les forêts. Nouvelle Physique des forêts. La Physique perfec-
tionnée, perfectionne elle-même tous
les genres de savoir. Recherches hypothétiques sur le refroidissement de
la terre & des planètes, en supposant

(183)

un état d'incandefcence antécédente.
Remarques fur cette hypothèfe & fur
le feu central. Nouveaux progrès de
l'électricité & de la Phyfique. Recherches fur l'équilibre des voûtes en dômes.
Hiftoire des opérations & des découvertes faites dans l'Hôtel des Mon-
noies, fur l'or & l'argent. Suite des
découvertes en Chymie. Hiftoire des
gaz & fluides aériformes. La Phyfique
de l'air éclaire cette théorie. Les pro-
babilités de la vie foumife à un nouvel
examen. Arithmétique morale. Nouvelles tables de cette probabilité. L'hiftoire ancienne de la nature mife au
jour. Diftinction de fept époques. Des
principes qui établiffent ces époques.
Des connoiffances fondamentales qui
les appuient. Obfervations fur la formation de la terre & des planètes.
Des montagnes primitives & fecondaires. Des mers & continens. De la
matière brute, morte & non organifée, & de la matière organifée &
vivante. Voyages dans les Alpes. Vues
fur la ftructure de ces montagnes.
Nomenclature des matériaux qui les
M 2

compofent. Obfervations fur la température des lacs. Nouvelle Phyfique des
glaciers. Recherches fur les montagnes
granitiques. Examen de ces divers travaux. Voyages minéralogiques en Auvergne, Vivarais, Dauphiné, Efpagne,
Pyrénées, Alpes, Forez, Gévaudan,
&c. &c. Nouvelles vérités en Minéralogie & en Géographie phyfique. Suite
des découvertes chymiques. Deftruc-
tibilité du diamant. Porcelaine. Nouvelles découvertes dans la Phyfique
des Gaz. De la fufion du cryftal par
l'air inflammable. Nouvelle Conchilio-
logie. Suite des obfervations aftrono-
miques. Nouvelle machine pour l'Af-
cenfion de l'eau inconnue aux Anciens.
Nouvelle planète obfervée en Angle-
terre & en France. Nouvelles vues
fur la Phyfique du monde. Etat actuel
de l'Hiftoire Naturelle. Etat de la Géographie Phyfique. Hiftoire Chronologique de tout ce qu'on a écrit fur la formation des vallées & des plaines. Auteurs cités. Des travaux qui reftent à
faire fur cette matière : combien elle
éclaire la théorie de la terre. Du fyftême

des Anciens & Modernes fur les atterriffemens & les fables. Réfutation de
divers Auteurs. Vérités prouvées & vérités problématiques dans cette Science.
Etat de la nature dans nos Provinces
méridionales. Seconde Encyclopédie en
France. Etat actuel de la Physique &
de l'électricité. Suite des Anecdotes
hiftoriques de la Cour de Louis XV,
fur les Arts & les Sciences. fuite des progrès de l'Art militaire. Nouvelles évo-
lutions. Marches. Campemens. Guerre
de 1755 & fuivantes. Ce que l'Art
militaire a emprunté des Sciences.

   Louis XVI , le Père de la Patrie,
le Protecteur des Sciences & des Arts.
Statues des grands Hommes de la Nation Françoife ordonnées. Société Royale de Médecine. Géographie médicale de la France. Correfpondance de
tous les Médecins pour cette nouvelle
Société. Correfpondance établie dans
les Sciences. Etat actuel des Arts.

   Vues fur la Littérature , relativement aux Sciences, dans le XVIIIe.
fiècle. Génie de la Littérature fous
Louis XIV. Nouveau genre de Litté-

rature introduite en France. Du bel
efprit, de la fineffe, & de l'ingénuité
dans la Littérature Françoife. Influence
des mœurs nationales & des Sciences
fur les variations de la Littérature
Françoife. Influence de la Philofophie,
de la Littérature, des Sciences, & de
la Philofophie relativement au génie
des François. Conclufions de l'Hiftoire pofitive des Sciences établie par
des faits. Préliminaires pour l'Hiftoire
philofophique qui fuit.

TROISIEME PARTIE

Contenant l'Histoire Philosophique des Sciences.

LIVRE PREMIER.

Géographie-Physique de l'esprit humain en France. (*)

DES climats de la terre favorables ou nuisibles à l'esprit humain. Influences physiques sur les forces de l'esprit. Influences morales. Plan d'une Géographie - Physique de l'esprit humain. Description d'une Carte de France observée dans ce sens. Provinces hâtives & Provinces en retard. Vues physiques sur ces deux phénomènes de la Géographie intellectuelle.

Des Provinces du Nord, de l'Orient, de l'Occident & du Midi de la France. De la Provence, de la Bourgogne, du Dauphiné, du Vivarais, &c. De

---

(*) *Voyez la Note ci-après*, page 193.

la Capitale : calculs de proportion.
réfultats de ma carte Geographique
de l'efprit humain. Utilité de ces recherches.

LIVRE II.

Des Sciences hâtives & des Sciences
lentes dans une Nation éclairée.

Des Sciences ifolées & des Sciences
accompagnées ou fuivies.

Des Sciences exactes & des Sciences hypothétiques. De l'efprit & de
l'imagination. De l'influence des Sciences exactes fur les lumieres philofo-
phiques.

Action des Sciences fur la Littérature & fur les Arts.

Des Sciences fécondes en découvertes, poffibles & futures.

Des Sciences épuifées.

Des Sciences incertaines.

Des Sciences problématiques.

Des Sciences exactes & des Sciences de réfultat.

Vérité unique, ultérieure & fubfé-
quente, déduite des deux premières
parties de l'Ouvrage.

LIVRE III.

SUITE DE L'HISTOIRE PHILOSOPHIQUE,

Ou les époques de l'esprit humain dans le XVIII siècle.

Premiere Epoque.

Quand les Sciences Mathématico-Phyfiques ont dominé en France.

Seconde Epoque.

Quand tous les Savans fe font occupés de l'Hiftoire de la Nature, chacun dans fon genre.

Troifieme Epoque.

Quand la Chymie a commencé à éclairer l'Hiftoire Naturelle.

Quatrieme Epoque.

Quand les Sciences exactes font

devenues les fondemens de la véritable Philofophie, & l'ont aidée de
leurs lumieres.

Cinquième Epoque.

Quand vers le milieu de ce fiècle,
les Sciences phifiques & exactes ayant
été perfectionnées, l'imagination ou
le génie fe font diftingués dans la
théorie des loix, dans l'Hiftoire Naturelle, dans la Philofophie, dans la
Morale, &c.

Sixième Epoque.

Quand le Matérialifme a ofé em-
prunter les vérités phyfiques pour fe
donner un air fcientifique. Du Livre
intitulé *Syftéme de la Nature*. Epoque
mémorable dans l'Hiftoire des erreurs
du genre humain.

Septième époque.

Quand la Phyfique, la Chymie &
toutes les connoiffances humaines ont

porté leur flambeau dans les Arts méchaniques & libéraux.

LIVRE IV

LES EPOQUES FUTURES DES SCIENCES.

Première Epoque future.

Quand la Phyfique des Plantes &
des Minéraux fera fubftituée à la nomenclature ou claffification fur les
formes, les couleurs, le poids, &c.

Seconde Epoque future.

Quand les ouvrages dans le genre
du vrai ou fcientifique feront fubfti-
tués en France aux ouvrages dans le
genre du beau, que le fiècle paffé &
le commencement du fiècle préfent
ont déjà épuifé.

Troifième Epoque future.

Quand toutes les connoiffances perfectionnées nous permettront de nous élever vers la théorie physique & morale de la Nature, & de philo-sopher sur les causes productrices.

Quatrième Epoque future.

Quand la Physique, l'Electricité, les Méchaniques, la Géométrie, la Miné-ralogie, la Chymie, la Géographie Physique, la science du feu, de l'air & de l'eau, réunies, nous feront connoître les entrailles du globe, les montagnes, les vallées & les plaines, & nous donneront enfin un vrai sys-tême sur la théorie du globe.

Fin du Sommaire.

A Paris ce 1. Juin 1782.

CE n'eſt point par hazard , qu'il eſt des Provinces fertiles , pour ainſi dire , en hommes de génie. Je vais en donner un exemple : la Bourgogne a produit Boſſuet , Buffon , Rameau , Grébillon , Piron , la Monnoye , le Préſident Jeannin , &c. Dans ce moment, il eſt à Dijon une Académie à qui on doit d'avoir connu la premiere le génie de Rouſſeau, dominée par l'amour de la gloire & du patriotiſme , toujours déſintéreſſée , & active dans ſa marche, elle s'eſt élevée , par ſes ſuccès , juſques au rang des Académies les plus célèbres.

Quand je vois des Territoires ainſi fertiles en Hommes d'eſprit , & avoiſinés de terres ingrates ; quand, parcourant la ſurface de la Terre je trouve des Contrées où regnent depuis le commencement du monde juſques à ce jour, l'ignorance & la barbarie, je dis, qu'il exiſte des loix ſur la diſtribution de l'intelligence : ce ſont ces loix que je veux tirer d'une foule d'obſervations que j'ai recueilli : je donnerai d'abord une Carte de France où l'on ne trouvera que les Villes, Villages, ou même hameaux qui auront produits quelque Perſonnage diſtingué par le génie, ſoit dans les Sciences, la Littérature & les Arts, & à côté de chaque lieu natal, ſeront placés les noms des grands Hommes.

On dit que le climat influe encore ſur l'eſprit. Nous donnerons une ſeconde Carte pour en apprécier la valeur : les lieux expoſés dans la précédente ſeront placés ſur une échelle, ſelon leur plus grande élévation, depuis la Ville de Langres réputée l'une des plus élevées de France, juſqu'à Marſeille, Ville bâtie au bord de la Méditerranée : ces deux Villes ſont dans les deux extrêmes de tous nos climats.

Dans cette Carte ne ſe trouvent point les Auteurs

vivans, il ne fied à aucun écrivain d'affigner les rangs dans la République des Lettres ; le public, fi facile à fe laiffer furprendre, n'en eft pas même le vrai Juge, les temps & la poftérité en ont feuls le fouverain pouvoir.

Par la même raifon nous éloignons de notre Carte tout Commentateurs, Scoliaftes, Auteurs polémiques, Traducteurs & tous les Ecrivains en fous ordre, ou compilateurs à qui des productions réelles n'ont pas donné encore une place dans l'empire des vrais talens.

OBSERVATIONS

SUR

L'HISTOIRE NATURELLE

DU DIOCESE

DE NISMES.

OBSERVATIONS

OBSERVATIONS

SUR

L'HISTOIRE NATURELLE

DE NISMES

ET DES ENVIRONS.

ON diſtingue dans le territoire de Niſmes divers terrains qui non ſeulement ſont formés de matières hétérogènes, mais qui ont encore chacun divers degrés d'élévation ſur le niveau de la mer; ſçavoir : le terrain calcaire ſupérieur,

Tom. V.

le terrain fablonneux & caillouté inférieur, & enfin le terrain marécageux
dont quelques efpaces font fitués au-
deffous du niveau moyen de la Méditerranée. Il faut diftinguer dans ces trois
fortes de terrains non feulement la manière dont ils ont été formés, mais encore les époques refpectives de formation. Ici la théorie devient plus lumi-
neufe, parce qu'elle traite d'évènemens
plus modernes dans la nature, parce
que l'efprit trouve plus de moyens de
comparer. Nous ne fommes plus dans
le monde primitif, dans ces âges hé-
roïques de la nature, où les phénomènes & les caufes font fi fouvent in-
certains. Dans ce nouveau monde, dans
ces terrains de troifième ou quatrième
date, les évènemens phyfiques fe paffent la plupart fous nos yeux.

Enfuite, après avoir établi la théorie
des chofes, nous examinerons les avantages particuliers que l'homme peut retirer de telle contrée, en joignant ainfi
le curieux à l'utile.

CHAPITRE I.

Du terrain calcaire, ou du pays de Gar-
rigues dans le Diocèse de Nismes.

LE pays de Garrigues offre en divers
endroits de petites collines arides d'une
roche calcaire, dure, grisâtre, avec des
coquilles pétrifiées. Ici la forme de ces
petites montagnes est de la plus grande
bizarrerie : des roches toutes nues ne
vous présentent dans plusieurs endroits
que des coupures, des fentes de ces
carrières, au fond desquelles se trouve
souvent un peu de terre qui nourrit un
chêne ou un cep de vigne ; mais dans
tous ces bas-fonds, dans les petites plaines inférieures qu'on trouve quelquefois entre ces collines, est toujours une
excellente & forte terre calcaire, féconde, qui produit des fruits & des vins
délicieux.

2178. L'Histoire naturelle est peu inté-
ressante dans le pays de Garrigues, parce

que tout y eft monotone. De tous côtés les objets fe répètent; il y a peu de chofes différentes à comparer. Le détail de la minéralogie peut feul y profiter, en recherchant quelques variétés dans les différentes matières cryftallifées qu'on trouve dans cette zône.

Tel eft l'état des plus hautes montagnesdu Diocèfe de Nifmes. On voit que la mer a délaiffé ce terrain, mais on doit au Rhône le terrain mouvant inférieur.

CHAPITRE II.

Topographie du sol mouvant du Diocèse de Nismes, & ses limites ; il est composé de pays de plaines, de collines & de cailloux. Correspondance entre le dépôt occidental du Rhône & le dépôt oriental de Provence : ce dépôt a éte formé par la réunion des cailloux roulés, & atterrissemens du Rhône & du Gardon. Projet d'un canal de Nismes à Aiguemortes. Son utilité. Etat de l'entreprise.

LA terre ferme, calcaire & continentale du Diocèse de Nismes, finit vers le midi, au grand Gallargues, à Uchaux, à Milhau, à Nismes; & à l'orient, à Remoulins. Tout ce qui est au-dessus est terrain solide, qui date de l'ancienne station de la mer en ces lieux.

2179. Mais tout ce qui est au-dessous est terrain mobile, formé de sable & de pierres roulées, que les eaux courantes

N 3

ont apporté en ce lieu après les avoir usées & arrondies.

2180. Or c'est au Rhône & au Gardon réunis qu'il faut attribuer ces dépôts pierreux. Il paroît même que le Rhône avoit autrefois une branche considérable vers Mont-frin, d'où il se repandoit dans la plaine du Vistre, passoit à Rodilhan, à Caissargues, sous Nismes, à Bernis, au Cailla où il se jettoit dans la mer.

Ce lit étoit resserré à droite par les collines calcaires des Garrigues, à gauche par une autre longue & petite colline de cailloux roulés & d'atterrissemens, qui part depuis les hauteurs de Beaucaire jusqu'au Cailla, laquelle colline devoit être alors une île longitudinale du Rhône.

On doit attribuer nécessairement la retraite du Rhône de cette partie de son lit à la grande quantité de pierres roulées & sables du Gardon. Cette rivière rejettant ces matériaux vers Remoulin, obstrua ce passage du Rhône, forma cette petite colline de sable & d'atterrissemens, qui est sur Meynes, & occafionna au Rhône cette déviation de la ligne droite qui a lieu à Vallabregues.

Cette feule obfervation peut expliquer comment le Rhône & le Gardon réunis ont dépofé cette colline de cailloux roulés, granitiques, fchifteux, calcaires, quartzeux, &c. &c. qui dure depuis Beaucaire jufqu'à Saint - Gilles & le Cailla, & le fable quartzeux & calcaire qui forme la magnifique plaine du Viftre jufqu'au Cailla. Au refte cette colline de cailloux roulés donne en divers cantons un vin délicieux.

C'eft dans cet antique lit du Rhône qu'une Compagnie fe propofe de diriger un canal qui, partant des portes de Nifmes, s'avanceroit vers la mer, & jetteroit fes eaux dans le canal de la Roubine vers Aiguemortes. Le meilleur emploi du temps du Naturalifte, c'eft de rechercher tout ce qui peut contribuer à la gloire & à l'utilité d'un Empire. Auffi je ne fais point difficulté de publier ici mes obfervations locales & communiquées, qui peuvent donner des éclairciffemens fur un objet auffi utile à la

N 4

Ville de Nifmes & à tous les pays &
Diocèses d'alentour.

Observations sur le projet de creuser un canal depuis la Ville de Nismes jusqu'à la Méditerranée vers Aiguemortes.

Le projet de ce canal vous préfente
d'abord un grand baffin près de la Ville de
Nifmes, alimenté fur-tout par les eaux
de la fontaine. Ici fe trouveroit le port
de la Ville, où feroient arrêtés tous les
vaiffeaux de commerce. Le canal defcen-
droit vers le Viftre, nourri par les eaux
d'un ruiffeau, appellé Lou-Beau, qui verfe
dans cette rivière où le canal fe jetteroit.

Uni au Viftre, le canal feroit dirigé
vers le Cailla & au-deffous, où le canal
projetté s'uniroit à celui de la province.

Les principaux avantages de ce projet feront de garantir des inondations
annuelles du Viftre, une des plus riches
& des plus belles plaines de la province,
en contenant les eaux de cette rivière
dans un canal régulier; de diminuer le
prix du tranfport des fels de Peccais; de
favorifer l'ancienne population de

cette contrée, & donner la vie à des cantons rendus prefque déferts par les eaux
croupiffantes qui en empoifonnent l'atmofphère. Et c'eft en conféquence de
cet fepoir que tou es les Communautés
riveraines fe font empreffées deconfi-
gner leurs vœux à cet égard dans les
délibérations les plus expreffives.

La longueur du nouveau canal fera
de quinze mille cinq cens toifes, fon
ouverture de huit, fes francs bords de
trois de chaque côté. Il aura par-tout fix
pieds d'eau, & les talus n'auront que
quatre pieds : la qualité des terres n'en
exigera pas davantage. L'excavation
fera faite prefque par-tout dans un lit de
terre glaife ; & comme les eaux du canal
feront toujours au-deffous du niveau
des terres, les propriétaires riverains
n'auront pas à craindre la moindre fil-
tration.

Il réfulte des nivellemens qui ont été
vérifiés, que depuis l'efplanade de
Nifmes jufqu'au canal de la province
fous le Cailla, il y a 111 pieds de pente,
qu'on efpère anéantir par onze éclufes,

quoique le plan en ait indiqué treize. Des réflexions ultérieures ont même fait juger que le nombre pouvoit être réduit sans inconvénient.

Au-deffous de l'efplanade de Nifmes, on conftruira un grand baffin, capable de contenir 50 barques. Ce baffin, ainfi que la partie fupérieure du canal jufqu'à la première éclufe, diftante de 700 toifes, fera nourri d'abord par les eaux de la fontaine de Nifmes, & elle en donnera affez pour fournir dix éclufes par jour.

La partie inférieure de la première éclufe fera nourrie par les eaux de la fontaine, par celles du ruiffeau Lou-Beau & par celle du Viftre même. Cette petite rivière eft fupérieure au lit qu'on fe propofe de donner au canal. Toutes ces eaux réunies alimenteront le canal dans toute la partie du chemin creux, au bout duquel le canal prendra le lit du ruiffeau Lou-Beau, jufqu'à fon embouchure dans le Viftre. Enfuite il fuivra le Viftre jufqu'au canal de la province au-deffous du Cailla.

Les eaux furabondantes à la navigation feront employées à faire tourner
les moulins exiftans , ou que l'on conftruira à l'inftar de ceux qui font fur le
canal d'Uzès. Il y aura des contre-ca-
naux & des reverfoirs , au moyen def-
quels les inondations ne feront plus à
redouter.

On a objecté contre ce projet que les
eaux du Viftre trop impétueufes n'ont
pas cette tranquillité qui convient à un
canal de navigation , & qu'elles entraî-
nent trop de fable & de gravier, &
peuvent combler fon lit.

Mais fi l'on craint que les atterriffemens entraînés par le Viftre n'enfablent
le canal de Nifmes, il eft certain d'abord
que le Viftre ne portera à ce canal, dans le
plan projetté , que les eaux qu'il y porte
déjà ; que fes fables & fes graviers feront
retenus avant d'y arriver par les éclufes
qu'on fe propofe de conftruire , & par
le moyen d'une plus grande furface
du niveau & du lit du canal propofé.

Si l'on craint que le nouveau canal
ne foit trop fréquemment enfablé , &

la navigation interceptée , la Compagnie ne craint pas plus ce danger pour
fon canal que pour celui de la province ;
car le Viftre n'a pas formé un pouce de
crément fur les terres & marais , pendant l'efpace de plufieurs fiècles.

Le Viftre ne paffe pour un torrent
impétueux , que parce que fon lit a été
infenfiblement refferré par l'éboule-
ment des terres latérales & la plantation
des arbres dans ce lit même ; ce qui a
occafionné ces inondations annuelles
dont fe plaignent les riverains. En lui
creufant un lit nouveau & déterminé ,
& en faifant les récuremens néceffaires,
les eaux du Viftre ne feront plus de ravages , la navigation fe foutiendra pendant onze mois de l'année , & on aura
procuré tout le bien qu'on defiroit &
qu'on efpéroit produire.

La poffibilité du canal a été confta-
tée , 1°. en 1687, par le fieur Denis
Verces, Ingénieur, fuivant le mémoire
qui fut alors imprimé de l'autorité des
Etats , & qui a été récemment remis à
MM. les Syndics ; 2°. en 1749 , par le

fieur Marechal, Ingénieur de la province, dont le travail fut fuivi d'une délibération approbative de cette entreprife.

On doit fur-tout à M. Rouftan, Médecin à Nifmes, qui poffède un cabinet curieux d'Hiftoire naturelle, d'avoir beaucoup travaillé pour faire agréer le projet de ce canal fi utile à fa patrie & aux Diocèfes d'Uzès, Viviers, Mende, Alais, &c.

CHAPITRE III.

Etat du troisième terrain inférieur du Diocèse de Nismes; marais au-dessus & au-dessous du niveau de la mer. Vues sur la formation de ce terrain & sur son changement en terres végétales; les atterrissemens du Rhône dirigés par le courant de ce fleuve, sont peu favorables à ce projet.

CE troisième terrain est celui qui a été formé des sables du Rhône, même dans les temps historiques, élaboré par la mer, & agité par ses vagues & ses courans.

2181. Toute cette vaste plaine marécageuse qui est entre la mer au midi & Saint-Laurent, Franquevaux, Saint-Gilles & Bellegarde, a été formée la dernière. Il faut distinguer dans cette plaine immense deux sortes de terrains, le marais simplement dit, & le bas-fond de marais.

Il n'est pas impossible de dessécher le

premier terrain; des conduits, des écoulemens pratiqués d'espaces en espaces peuvent laisser à sec ce sol inculte; mais le second étant situé sous le niveau moyen de la Méditerranée, il est plus difficile de chasser l'eau qui surgit de dessous terre.

Les Etats de Languedoc avoient examiné le projet de détourner une partie du cours du Rhône vers ces endroits marécageux. On se poposa, en dirigeant une portion de ce fleuve, de combler le bas-fond & de créer une terre végétale; mais on sait que le sablon du Rhône, & de tout fleuve quelconque est infécond, qu'il faut une longue suite d'années & peut-être des siècles accumulés pour qu'un atterrissement puisse alimenter les plantes; il faut une grande quantité de débris d'autres végétaux putréfiés, pour que les suivantes y prospèrent. Ce projet de détourner un fleuve est digne, sans doute, du caractère des Etats de Languedoc portés aux grandes choses; mais le sablon du Rhône ne peut etre fertile après l'exécution du projet.

Je proposerois un autre plan , celui de multiplier des machines dans les marais de Nismes , qui enlevassent autant d'eau qu'il en sort de maritime de dessous terre. Il seroit aisé de pratiquer des puits de part & d'autre , des pompes & des moulins à vent , qui , imprimant un mouvement de rotation à une roue , éleveroient l'eau.

Il faudroit assez multiplier les machines pour qu'elles ne donnassent point le temps à l'eau qui sort de dessous terre d'inonder le marais , c'est-à-dire qu'il faudroit que la force de soustraction fût plus active que la force d'addition : par ce moyen le marécage seroit toujours à sec.

Toutes les pompes élevant l'eau la jetteroient dans des canaux supérieurs, qui se joindroient , & verseroient en grande masse dans la mer l'eau salée qu'elle pousse de dessous terre dans cette grande plaine marécageuse. Quelle immense contrée à féconder , déjà favorisée par la nature & préparée par plusieurs siècles de repos & par le dépérissement,

sement de tant de plantes qui ont été décomposées dans ce terrain vierge qui n'a pas éprouvé encore un seul coup de bêche. L'industrieuse activité des Hollandais qui ont éloigné l'océan & fixé ses bornes n'est-elle pas un aiguillon pour le peuple actif & laborieux du Languedoc? Les meilleurs projets ne peuvent pas toujours être exécutés ; mais le Patriote & l'honnête Citoyen les proposent toujours.

Fin des Observations sur l'Histoire Naturelle de Nismes.

A Nismes, ce 1er. Février 1780.

REMARQUES

SUR

LES DIFFÉRENTES

ÉPOQUES

Dans lesquelles la mer a formé
diverses matières calcaires,
& sur la différence de ces substances comparées entr'elles.

REMARQUES

SUR

LES DIFFÉRENTES ÉPOQUES

Dans lesquelles la mer a formé diverses matières calcaires, & sur la différence de ces substances comparées entr'elles.

CHAPITRE I.

De la pierre calcaire primitive, ou plus ancienne que les autres pierres calcaires.

§. I.

Observations sur la propagation & direction des montagnes qui en sont formées, dans les Provinces méridionales de la France, & sur l'état actuel de cette espèce de roche.

J'APPELLE roche calcaire primitive celle qui, formée par l'ancienne mer,

O 3

déposée dans les bas-fonds , abandonnée
à la pétrification & à la retraite nécessaire
de ses parties qui en résulte , reste encore
dans le continent, après la retraite des
eaux , dans son état primitif, sans avoir
été travaillée par des agens secondaires
comme la roche calcaire de pierre tendre, comme les brêches & marbres-
poudingues & autres pierres calcaires,
qui ont éprouvé l'action de diverses révolutions plus récentes. Cette roche
calcaire primitive est ordinairement de
la dureté du marbre , sa cassure est sans
organisation ; ses coquilles pétrifiées
sont rares.

Les pétrifications de cette pierre calcaire sont dans un état particulier ; la
coquille entièrement lapidifiée n'est plus
apparente ; on ne saurait pas que c'est
une coquille , si elle n'étoit toute sculp-
tée dans la roche comme une statue dans
une masse d'argile qui , desséchée &
enlevée par éclats , ne tient pas à la statue à cause de sa retraite qui a laissé un
vuide & des espaces entre deux , &
permis de séparer le noyau.

On obferve ordinairement dans ces pétrifications que quand la vafe pétrifiée
n'a pu remplir totalement la coquille,
quand il eft refté un vuide, une fente,
l'intérieur eft hériffé de pointes cryftal-
lines de fpath; ce qui confirme les obfervations faites dans le monde granitique où un filon eft toujours tapiffé de
cryftaux de roche, fi ce cryftal domine
dans la maffe; ou de fpath, fi cette fubf-
tance l'emporte fur les autres; ou de l'un
& de l'autre quand il y a mêlange.

Les coquilles pétrifiées qu'on trouve
dans la roche calcaire primitive font en
général du genre de celles qui ne vivent plus dans nos mers, mais dans
celles du fud ou de la zône torride.

Ces obfervations combinées avec
tant d'autres prouvent bien qu'à l'époque où ces coquilles vivoient dans nos
mers, nos régions avoient une autre
température. Quoi qu'il en foit, on ne
voit en Vivarais, dans ce que j'ai appellé *marbres primitifs*, que des coquilles pétrifiées, dont les analogues
n'exiftent plus : j'en ai fait une obferva-

tion générale pour cette Province, &
si elle trouve des exceptions dans les
marbres des autres contrées du globe,
je réponds que ce que j'ai écrit, je l'ai
écrit sur mes observations personnelles.
J'ai ajouté que mes recherches de fossiles, dont les analogues vivent dans nos
mers, dans cette vieille roche calcaire,
ont été infructueuses, & j'ai dit expres-
sément, prévenant en quelque sorte
l'infidélité des Sophistes qui ne savent
point apprécier la nature d'une observation de cette sorte, qu'en parlant des roches calcaires primitives, des marbres du
Vivarais, je n'entendois point désigner
les marbres semblables à ceux d'Italie, où
l'on a trouvé effectivement des empreintes de coquilles dont les analogues vivent dans la mer, T. I, p. 245. Un de ces
Critiques cependant dont le métier est,
disent-ils, *de venger la majesté de la ré-
vélation* (en attribuant des impiétés à
ceux qui l'ont toujours respectée & qui
même en ont écrit comme il convient,)
vient me présenter pour détruire la vérité des trois formations successives des

matières calcaires, des marbres coquiliers d'Italie & de France, où l'on voit pêle-mêle toutes les pétrifications.

Quoi qu'il en soit de ces petits mouvemens qui ne doivent jamais arrêter la marche d'un Observateur qui aime la vérité & qui la cherche, qui avoue ses erreurs inséparables de la foiblesse de l'esprit humain, il est avéré qu'en général dans toutes les contrées du globe, les roches calcaires récentes que la mer vient de former ne contiennent ni ammonites, ni térébratules, comme les roches calcaires primitives des hautes montagnes ne renferment pas communément en état de pétrification les coquilles qu'on pêche tous les jours dans la mer ; ce qui annonce assurément des règnes différens & des époques différentes ; mais quand on me présenteroit des exceptions, elles ne pourroient détruire un grand fait observé en Vivarais, pas plus que si on trouvoit vers le pôle une famille d'hommes d'une haute stature, avec les hommes dégénérés de cette contrée ; ou dans le pays des nègres, une famille de mulâtres ou des blancs.

Un autre caractère de cette roche calcaire, c'est de contenir des élémens du
fpath calcaire cryftallifé & de l'abandonner en partie, quand, imbibée
d'eau, elle laiffe tomber cette eau, d'où
réfultent des ftalactites ou des cryftaux
réguliers & à facettes. En effet quand
l'eau coule à travers ces roches, fur-
chargée d'élémens fpathiques cryftallifables; & tombant goutte à goutte,
la cryftallifation des molécules déran-
gés par le mouvement de l'eau qui tombe de haut en bas, ne peut avoir lieu;
il n'en réfulte que des ftalactites, parce que l'eau toujours tendante, n'eft
point ici dans un vafe clos, où les molécules cryftallifables peuvent jouer
aifément; au contraire quand cette roche calcaire renferme quelque petit
vuide ou un filon, & quand ce vuide ou
ce filón eft plein d'eau qui contient les
élémens de ce fpath, le repos de cette
eau permet à ces élémens de s'affimiler,
de fe joindre. D'abord les élémens plus
groffiers ou plus pefans adhèrent à la
gangue, ils deviennent le fondement

des pointes ; enfuite à mefure que l'ouvrage s'avance, le cryftal devient plus
beau, les formes fe perfectionnent, il
ne refte que les pointes à établir fur le
tout & elles font ordinairement plus,
tranfparentes & plus brillantes. Voilà le
jeu de la matière cryftallifable de ce
fpath, contenu dans la roche calcaire
primitive: il cryftallife avec des formes
géométriques dans des gangues comme
dans un lieu paifible, & ne forme que des
ftalactites dans les grottes, tandis que les
roches calcaires plus récentes, forment
outre les fpaths, des cryftaux de diverfes
autres formes, comme les plâtres de
Montmartre dont on connoît les cryftallifations particulières.

Un autre caractère de ces fortes de
roches calcaires primitives, c'eft de contenir dans le pays où elles font en couches, des grottes avec ftalactites. Elles
font fréquentes dans le Diocèfe d'Uzès;
nous en avons en Vivarais, à Baumefort,
auprès du Pont d'Arc, à Vallon, à Aube-
nas, auprès de Mercué, à Arcy en Bourgogne. En général les grottes s'étendent

dans l'intérieur de ces roches en forme de corridor, ce qui est autant singulier que difficile à expliquer. Voila à-peu-près ce qui caractérise la pierre calcaire, marbreuse & primitive, elle diffère de la pierre blanche tendre des bas-fonds des plaines, comme nous le dirons ci-après.

§. II.

De la propagation & direction des montagnes calcaires & primitives ; leurs directions. Formes de leurs vallées ; elles suivent & avoisinent les montagnes granitiques. Chaîne des Cevènes ; chaîne parallèle de Provence, de Dauphiné, de Savoie, du Jura & de la Bourgogne.

CETTE roche calcaire primitive que je viens de décrire, occupe une partie des Diocèses d'Uzès & d'Alais, & présente à la plaine du Rhône des coupures perpendiculaires vers le sommet de la chaîne.

Du côté oriental opposé se trouvent les roches semblables calcaires si apparentes au-dessus de Vaucluse. Sans le passage du Rhône à travers, ces deux

énormes maffes feroient encore conti-
guës & adhérentes.

La chaîne des Cevènes pénètre, vers
les Vans, en Vivarais, elle court vers
les hauteurs de Gras & de Villeneuve;
elle eft le fondement des Monts Coiron,
elle fe perd enfin dans les baffes Boutiè-
res & à Cruffol, pour courir dans le
Dauphiné.

En Dauphiné cette roche fi vifible à
Donzere, forme les baffes montagnes
de cette Province; de Vauclufe, elle
paffe par le Ventoux, vers Die, s'avance
vers Grenoble: elle eft toujours coupée
à pic, par-tout où paffe une rivière ou
un fleuve; & s'avance, en s'élevant rapi-
dement, vers la grande Chartreufe, où
elle femble monter dans la région des
nues; & comme ces lieux font très-éle-
vés & les vallées très-profondes, les coupures à pic des vallées & des rivières
font affreufes.

De la grande Chartreufe, les mêmes
montagnes de pierres calcaires primitives paffent en Savoie. Le fameux paffage coupé par un Duc de Savoie eft
taillé dans des roches femblables.

Chamberry & Annecy font bâtis près des montagnes de même efpèce. Elles préfentent des efcarpemens perpendiculaires, dont la direction eft toujours paralèlle au cours du Rhône.

La longue fuite du Jura, montagnes accumulées les unes fur les autres, n'eft qu'une continuation des mêmes roches calcaires primitives. Elles s'anoftomofent avec celles de la Franche-Comté, & s'éparpillent en partie en Bourgogne.

Il réfulte de tout ce que nous venons de dire ici, que cette matière calcaire primitive remplit le fond du baffin du Rhône. Mais par baffin du Rhône, il faut entendre ici une chaîne circulaire de montagnes granitiques environnantes, qui renferment (comme un baffin qui contient l'eau) cette immenfe quantité de matière calcaire primitive. Or voici la direction de ces montagnes granitiques primitives, qui font le contenant de la matière calcaire.

D'abord elles partent des Pyrénées, paffent du Diocèfe de Lodève à ceux d'Alais & Uzès, Mende, Viviers, le

Puy, le Forez, la Bourgogne, d'où elles montent vers les Vôges qui tiennent aux Alpes, lesquelles passent vers la haute-Savoie, le haut-Dauphiné, la haute-Provence, & viennent disparoître dans la mer.

Cette chaîne de montagnes granitiques, antérieures dans l'ordre chronologique à la matière calcaire dont je viens d'établir le caractère, forment un bassin longitudinal, dont les parois s'abaissent en Languedoc & en Provence jusqu'au niveau de la mer, & descendent sans doute en dessous; car du sein de la Méditerranée s'élèvent la Sardaigne & la Corse, buttes granitiques, environnées de leurs roches calcaires.

Enfin cette chaîne granitique, la plus ancienne que nous connoissions dans l'ordre des dates, est hérissée de volcans, en Provence, dans les Cevènes, le Vivarais & l'Auvergne. Les feux souterrains n'ont point agi dans l'intérieur calcaire de ce bassin. On n'en trouve point de traces dans le Jura ni en Dauphiné. Ceux qui en ont annoncé dans les papiers publics, n'ont trouvé dans les matériaux qu'ils en ont offert, qu'une pierre étrangère aux volcans; & j'ai eu lieu d'être bien surpris d'observer dans un lieu isolé, séparé de toute contrée volcanique, à Drévin, près de Couches en Bourgogne, une montagne qui brûla autrefois, dont l'ensemble, les formes connues des volcans, les laves, &c. ont été en partie détruits par le laps des temps.

Ces observations me portent à conclure la différence que je trouve entre le bassin des fleuves formé par les chaînes de montagnes circulaires qui font coupées à l'embouchure, & les bassins formés par des chaînes primitives.

Les bassins formés par des montagnes primitives font de vastes contenans dans lesquels les eaux de la mer ont délaissé leur vase, ou bien de grands affaissemens de terrain qui a conservé ces matières superposées, tandis que le bassin des fleuves a été creusé dans le continent par les eaux pluviales & fluviatiles, tant aux dépens des matières primitives que des matières calcaires.

C'est

C'est un travail ultérieur, fait sur des ouvrages de diverse date déjà existans.

Ici je suppose que le lecteur connoît tous les principes préliminaires que j'ai présentés sur les bassins, les directions des chaînes des montagnes : l'association de toutes ces idées est nécessaire à l'intelligence de ma distinction & à l'évidence de mes résultats; elle pourroit même servir à l'opinion des partisans de Sulzer, qui veulent établir des lacs dans toute la terre. Ces lacs s'ouvrent, alors les fleuves creusent les vallées. Mais il est fâcheux que cette ouverture ne puisse être que l'ouvrage des fleuves : suite nécessaire de l'union impossible du système des Lacs Sulzeriens à celui de l'excavation des vallées par les eaux courantes, comme je le ferai voir ci-après.

Au reste les Anciens paroissent avoir connu ces divisions naturelles des terrains, comme en Vivarais, où les subdivisions de la province étoient établies sur les formes naturelles du sol, observées en grand, & suivoient telles chaînes de montagnes ou tel degré d'élé-

vation & de climat. Cette observation
se confirme en Bourgogne, dont l'ancienne limite étoit précisément la chaîne
de montagnes, qui forme le bassin du
Rhône, & qui étoit comme le rempart
de ce royaume Nous exprimerons ces
limites naturelles dans nos recherches
sur l'Histoire Naturelle de cette province.

CHAPITRE II.

De la pierre calcaire ; elle eſt produite du détriment des primitives.

LES matières calcaires primitives que nous venons d'obſerver ſont encore intactes depuis leurétabliſſement dans la place qu'elles occupent. La maſſe totale n'a éprouvé que l'action des fleuves qui l'ont creuſée & ſillonnée ; la ſuperficie a éprouvé celle de l'athmoſphère qui agit ſur tous les corps, & il reſte encore ſur le Jura & dans les Cevènes, des matières calcaires vierges, qu'aucun agent n'a diſſous. Elles ont perdu, à la vérité, unepartie de leur maſſe ; mais ces gorges, ces précipices, ces enfoncemens ne ſont qu'une ſouſtraction de parties. Ce qui reſte, offre encore la même organiſation primitive, le même ordre dès couches, des retraits & des noyaux qui repréſenteront long-temps cette opération maritime qui établiſſoit des maſſes calcaires, en délaiſſant ſes dépôts.

P 2

On juge aifément cependant que tant
de déblais de cette matière calcaire primitive ont dû fervir de bafe ou de principe à bien des productions fecondaires,
& que la mer, dont l'abaiffement infenfible a reculé les bornes, aura reçu dans
fon fein, avant d'être defcendue jufqu'à
fon niveau actuel, les détrimens de
toute cette maffe primitive calcaire
qu'elle avoit délaiffé dans fes plus hautes
ftations. De là tant de matières fecondaires, tertiaires & même de date plus
recente encore. De là ces roches calcaires de Bourgogne. moins anciennes
nes & moins dures que les primitives
qu'on trouve fi communément dans les
pentes des hautes régions calcaires primitives. De la ces roches pareilles qu'on
trouve auffi dans tous les pays où
règnent fupérieurement des maffes primordiales calcaires.

CHAPITRE III.

Des matières cal. ... de troisième date.

ENFIN, la dégradation continuant toujours, c'est à la même opération qu'on doit attribuer les roches coquilières plus récentes encore. Celles - ci portent par-tout le même caractère, & se trouvent dans les basses plaines souvent au-dessous du niveau des mers, dans les contrées arrosées de fleuves, comme dans la plaine d'Avignon, dans les bas-fonds, à Montpellier, à Nismes & dans le lit de la Seine, à Paris dont les carrières ne font qu'une grande masse de pierre semblable, qui sert à bâtir nos plus beaux édifices, & à immortaliser le règne de nos arts.

La position de cette sorte de pierre est d'être presque par-tout enfoncée bien avant dans la terre, excepté dans le lit du Rhône & dans quelques autres lieux où elle se trouve à découvert. C'est que

P 3

formée plus récemment & dans le dernier âge, la mer avoit peu d'élévation au-deffus de fon niveau actuel. Souvent elle eft en couches, fouvent elle offre des amas fuperpofés de coquilles pétrifiées, & des interruptions de ces fortes de foffiles fuivies de couches, où ils abondent tellement que la pierre, femblable à une éponge, ayant perdu un trop grand nombre de points de folidité, par la multiplication des vuides, n'eft plus propre qu'à fervir de moëllon.

Il réfulte donc de ces obfervations que, fi la deftruction des hautes montagnes calcaires primitives en blocaille a fervi à former des marbres-brêches ou des marbres-poudingues, la réduction de cette maffe primitive en une efpèce de diffolution ou de vafe, & fa régénération en pierre coquillière plus moderne, a opéré un changement dans le bord du baffin des mers, qu'il a reculé en agrandiffant le continent : & voici comment s'eft opéré cette lente révolution.

D'abord les eaux continentales ont

rejeté dans les mers les dépouilles du
terrain calcaire primitif. Celles-ci ont
tombé ou glissé ensuite, selon la pente
du bord maritime ; & à force de se pré-
cipiter avec les eaux continentales tout
le long de cette pente, ils ont occupé
l'espace des mers.

Ainsi toute la plaine de Paris fut autrefois vuide & dans le sein des eaux ;
tout cet espace fut inondé de l'élément
liquide ; les averses continentales cha-
rièrent les dépôts de pierres coquillliè-
res ; les courans les étendirent ; la mer
éloignée par cette nouvelle matière,
recula. Ainsi fut formée cette énorme
masse calcaire située au-dessous de Paris
jusqu'à des profondeurs qu'on ne connoît pas encore.

Cependant les versemens de matière
calcaire dans la mer n'étoient pas toujours homogênes. Souvent il arrivoit des
hauteurs, des aterriffemens quartzeux
& fablonneux. Ces fortes de matières en-
traînée dans la mer formèrent ces bancs
horizontaux, de grès calcaire avec diverses fortes de coquilles, comme à Er-

P 4

menonville & dans plufieurs autres endroits, où les couches de grès & de
pierre calcaire, alternent, renfermant
les unes & les autres, les mêmes coquilles : ce qui prouve l'identité d'époque.

Le fol de Paris ainfi formé, & les
couches établies, la mer diminua encore, comme elle ne ceffe à la longue
de diminuer ; le nouveau continent fut
fillonné par les eaux courantes ; les
couches de Paffy & de Montmartre
furent délaiffées à côté, & reftèrent
faillantes ; les débris du fol de Paris furent jettés dans la mer, & délaiffés en
partie dans la plaine à fec & voifine de
la mer. Le fol fut excavé, fur-tout près
de l'Ecole Militaire, jufqu'à une grande
profondeur. Les déblais des hautes
montagnes furent trop confidérables
pour que la Seine pût tout entraîner
dans la mer. La roche coquillière fut
enfouie, & une magnifique planie fuc-
céda à une vafe fangeufe & inféconde.
Il faut du temps pour opérer tous ces
faits que l'efprit rapproche fi aifément ;

mais ce temps a été employé par la natur dans l'établiſſement de ces couches & des aterriſſemens ſuperpoſés.

Je ne puis mieux finir ce traité des époques du regne calcaire, qu'en déclarant mon ſentiment, 1°. ſur la création ; 2°. ſur le ſyſtême de Moïſe, 3°. ſur l'ordre comparé des matières créées ; 4°. ſur la durée de leur formation ; 5°. ſur la ſtructure du globe & du monde. J'ai toujours été attaché à la croyance de l'Egliſe, ſur ces objets, & jamais je n'ai rien écrit contre leur certitude.

Je penſe donc , 1°. *ſur la création*, que l'Auteur de la nature a tiré du néant toutes les choſes qui exiſtent hors de lui-même tant matérielles que ſpirituelles ; & que le ſyſtême des Anciens ſur cet objet, ne peut-être ſoutenu ni par un Chrétien , ni même par un Phyſicien : l'éternité de la matière eſt ſoumiſe à des objections inſolubles. Quant *à la formation* des ſubſtances hé-

térogènes, je penfe que quoique Moïfe
ait écrit la Genèfe, il eft permis de
philofopher fur le monde phyfique primitif, dans le même fens qu'il l'a été
à Gaffendy, Defcartes, Regis, Malle-
branche, Fontenelle, Newton, Wifton,
Burnet, Wallerius, Woodvart, &c. il
eft arrivé cependant à quelques Corps
particuliers, à des Univerfités, de con-
damner la plupart de ces fyftêmes ; mais
l'Eglife univerfelle a permis d'enfeigner
ces hypothèfes ; elle tolère qu'on les enfeigne dans les études publiques : à Rome, on enfeigne le fyftême de Copernic,
comme l'avoit prédit Defcartes.

2°. Quant *à la durée* de ces formations, les obfervations qu'on vient de
faire dans nos montagnes, ont appris à
divers Naturaliftes qu'il exifte des monumens de diverfe date, dans la fabrique
du globe. J'ai conclu, que, s'il n'y a pas
eu une nouvelle création à chaque époque, les matières plus récentes ont été
formées par la divifion, ou altération,
dès précédentes. Ces phénomènes divers & multipliés m'ont paru demander

bien du temps: où le trouver? Les Saintes-
Ecritures nous difent qu'il ne s'eft écoulé
qu'environ fix à fept milleans depuis
notre père commun, & la Genèfe ne
paroît montrer, avant Adam, qu'une
courte durée. Mais eft-il de foi que les
jours de la Genèfe étoient de vingt-
quatre heures de durée? La première nuit
fut-elle de douze heures feulement? Et
ne fera-t-il pas permis pour expliquer des
phénomènes, de donner de l'étendue à
chacun de ces jours, fur-tout à cette nuit
qui s'eft écoulée depuis ces grands mots
in principio creavit, jufqu'à ceux-ci,
fiat lux? Jofephe dit que l'Ecrivain
facré, parlant du jour auquel fut créée
la lumière, l'appelle *un* jour & non le
premier jour.

D'un autre côté, l'Eglife a-t-elle condamné *S. Auguftin? Et ne fait-on
pas* comment il a expliqué la Genèfe
entière de Moïfe? Enfin le Père
Bertier de l'Oratoire, & le feu Père
Néédham Jéfuite, témoins des obfervations faites fur nos montagnes, & defi-
rant concilier la réligion avec l'Hiftoire

Naturelle, n'ont-ils pas aſſuré qu'il fal-
loit entendre les jours de Moïſe par
des époques, ou par des événemens
éloignés entr'eux?

La Verſion Arabe & l'interprétation
latine diſent d'ailleurs expreſſément *cùm
cognoviſſet Deus lucem eſſe bonam, diviſit
Deus inter lucem & tenebras, & vocavit
Deus,* tempora lucis diem, *& tempora
tenebrarum noctem; cùmque præteriiſſet
nox dies, dies unus, voluit Deus ut eſſet
firmamentum, &c......, cùmque præteriiſſet* ex nocte & die, *dies ſecundus
voluit Deus ut congregaretur aqua, &c.*
Voilà donc *des temps* de lumière & *des
temps* de ténèbres pour faire un jour,
pour en faire un ſecond, un troiſième, &c.

Je ſais bien que ce ſentiment n'eſt pas
le plus ſuivi; mais il ne peut-être carac-
tériſé d'hérétique, 1°. parce qu'un Père
de l'Egliſe qui s'eſt écarté du ſentiment
reçu des ſix jours, n'a pas été condamné;
2°. parce qu'il n'importe ni au dogme,
ni aux mœurs que les temps de la nuit
& du jour de la Genèſe ſoient égaux
à nos jours d'aujourd'hui, ou des temps

suffifans pour opérer les phénomènes
que nos obfervations d'Hiftoire Naturelle nous perfuadent s'être paffés dans
ces anciennes époques : ainfi fi, d'un côté
ce fentiment n'attaque ni le dogme, ni
les mœurs, ni l'Etat, fi un Père de
l'Eglife s'eft éloigné du fens littéral,
fi parmi les Modernes, des perfonnes
pieufes, appartenant à des Corps Reli-
gieux & bons croyans, ont tranché la difficulté, il n'eft pas permis de condam-
ner à ce fujet le Philofophe qui adopte
ce fentiment.

Ici je dois déclarer que non feulement
je n'ai pas adopté cette explication,
mais je préviens même que je ne m'éloi-
gnerai jamais du fens littéral de ces mots,
*vefperè & manè dies unus, dies fecun-
dus* : comme s'en font éloignés Saint
Auguftin, & parmi les Modernes des
Naturaliftes Théologiens & qui ont
voulu, ainfi que les PP. Bertier & le
Jéfuite Néedham, concilier la nature & la religion fur cet article. Je
veux prendre dans mes époques de la
nature ces mots, *vefperè & manè dies*

unus dans toute la force de leur terme.

Qu'eſt-ce qu'un jour ? c'eſt la ſucceſſion d'un temps lumineux & d'un
temps de ténèbres, qui répondent au
veſperè & manè de la Genèſe, & à
notrejour & à la nuit qui le ſuit. Or
cette ſucceſſion eſt de l'eſſence du jour,
car elle le diſtingue des autres meſures
du temps ; mais la durée de ce temps de
lumière & de ce temps de ténèbres
qui conſtituent le jour, eſt-elle encore
déterminée ? Eſt-il néceſſaire de la déterminer pour faire un jour ? L'obſervation démontre le contraire : le jour
n'eſt de vingt-quatre heures que pour
une partie du globe terreſtre : vers les
poles, il eſt d'un an, étant compoſé d'un
temps de lumière de ſix mois & d'un temps
de ténèbres ou de crépuſcule, d'autres
ſix mois : or depuis les poles juſqu'au
climat de vingt-quatre heures, les jours
varien: du plus au moins de durée,
depuis les jours d'un an juſqu'à ceux
de vingt-quatre heures ; ainſi tandis que
la partie intermédiaire du globe n'a
que des jours de vingt-quatre heu-

res, les deux parties oppofées en ont
d'un an de durée : il eft donc ridicule
d'affigner une durée de vingt-quatre
heures comme de l'effence du jour.

Enfuite les jours & les nuits des premiers jours de la Genèfe étoient faits
par la fucceffion des ténèbres & de la
lumière créée le premier jour ; car le
foleil & la lune n'exiftoient pas encore
comme mefure du temps : le jour exif-
toit cependant, & il étoit formé d'un
foir & d'un matin. Or s'il eft certain,
felon le fens littéral, que le jour étoit
formé de ce matin & de ce foir, ce
fens littéral ne m'oblige pas de croire
que ce matin & ce foir avoient une
telle durée ; car le temps étoit bien
alors diftingué par une fucceffion, du
clair & de l'obfcur ; mais la durée de
ce clair ou de cet obfcur n'étoit pas
encore déterminée, puifque Moïfe affecte de dire que les aftres furentenfuite
créés pour diftinguer & mefurer les fai-
fons, les années & les jours : il eft
donc de l'effence du jour, d'avoir un
foir & un matin, comme s'expriment

les Hébreux, où une nuit & un jour comme nous nous exprimons ; cette fucceffion eft effentielle pour former le jour & le diftinguer des autres me-fures du temps ; mais la durée du jour qui varie dans tous les climats de la terre n'y eft pas déterminée. Dans vingt-quatre heures nous finiffons notre journée, & les Voyageurs Hollandais qui découvrirent la nouvelle Zemble trouvèrent des nuits de trois mois. Ainfi fi le fens littéral de Moïfe établit le jour par la fucceffion d'un foir & d'un matin, ce n'eft point s'écarter du fens littéral que de donner l'étendue à ce jour néceffaire, à produire tel ou tel phénomène phyfi-que, & je ne crois pas qu'on doive accu-fer d'héréfie un Naturalifte qui diroit que les jours de Moïfe avoient une plus grande étendue que nos jours modernes; en confervant fur-tout la fucceffion du temps lumineux & du temps de ténèbres.

4°. Quant à l'ordre des chofes créées, il eft certain, felon la Genè-fe, qu'elles l'ont été felon cette fucceffion. Le Tout-Puiffant a créé d'abord

le

le Ciel & la terre en une maſſe in-
forme & ténébreuſe, enſuite la lumière,
le firmament, la mer & le continent,
les plantes, le ſoleil, la lune, les étoiles, les animaux de la mer, les oiſeaux,
les quadrupèdes, les reptiles & l'homme. Ainſi il eſt certain que les plantes
ont été créées avant les animaux maritimes. Pluſieurs Naturaliſtes cependant ont trouvé des maſſes de pierres
coquillières ſous des roches feuilletées
avec empreintes de plantes & je dirai
avec eux, d'une manière générale, en
conſéquence de ces obſervations, *que
des pierres calcaires & les animaux marins
avoient été créés avant les plantes.* Cependant, quoique les obſervations per-
ſuadent cette opinion généralement
établie, elles deviennent nulles quand
on les compare à l'autorité de l'Ecrivain ſacré, bien ſupérieure à celle de
tous les Naturaliſtes. Le ſyſtême chronologique de Moïſe embraſſe tout
l'Univers, c'eſt l'ordre abſolu des choſes créées, où il n'eſt pas permis de rien
changer; au lieu que mille obſervations

Tom. V   Q

de roches coquillières fous des roches
herborifées, ne font que des obfervations minutieufes qui permettent de
dire, (feulement d'une manière hypothétique), que les coquilles ont été
créées avant les plantes ; mais ces hypothèfes ne peuvent attenter à l'ordre
de Moïfe ; & quoique je place la
création des animaux marins avant les
plantes d'une manière générale, je dois
obferver ici que mes ouvrages ne font
que l'Hiftoire de nos Provinces méridionales, de même que ma chronologie
intitulée, *des Provinces Méridionales*,
à laquelle je n'adhère que dans le même
fens qu'on peut adhérer à un fyftême,
ou de Defcartes, ou de Fontenelle.

On pourroit m'objecter cependant
encore que j'ai parlé d'une manière bien
plus générale, quand j'ai fuppofé les
continens formés après le foleil ; tandis
que, felon Moïfe, ils l'ont été avant. Il
eft vrai que je crois que la force d'impulfion de la terre autour du foleil, reconnue par les Aftronomes, & la force
qui a imprimé le mouvement de rota-

tion, ont applati les pôles, affaiſſé le baſſin des mers, rendu les continens ſaillans. Ces aſſertions ſemblent ſuppoſer d'abord que les continens ont été formés après le ſoleil ; mais l'*appareat arida* de Moïſe, dans le troiſième jour, n'eſt pas le continent actuel. L'*arida* de Moïſe préſente les eaux *in unum locum*, & mon explication offre l'impulſion & la force de rotation réunies, diſperſant ces eaux réduites *in unum locum*, formant des Méditerranées, des Mers Caſpiennes, des Mers Mortes, des lacs, par la chûte du terrain & l'élévation des continens actuels. Il n'eſt pas ordonné de croire que les continens ſoient les mêmes. Quand l'*appareat arida* fut prononcé, les mers furent réduites *in unum locum*, dans le troiſième jour : dans le quatrième, elles furent diſſéminées par la force d'impulſion & de rotation, quand la terre & les planètes tournant enſemble dans la même direction & à-peu-près dans le même plan, furent projettées autour du ſoleil.

5°. Mais, me dira-t-on, vous avez beau

nous dire qu'il y a des jours fur la terre depuis vingt-quatre heures de durée jufqu'à
celle d'un an; vous avez beau étendre le
temps de la lumière , & le tems de
la nuit dans les fix jours de Moïfe
pour ne pas vous éloigner du fens littéral qui admet feulement un foir & un
matin pour un feul jour; vous avez beau
nous dire que les continens actuels ne
peuvent être *l'arida* de Moïfe, & que
de la pofition d'une telle pierre deffus
ou deffous en France, vous ne pouvez
& ne voulez pas conclure une tranf-
pofition des verfets de Moïfe: le Pape
& l'Eglife ont pourtant condamné tous
ces fyftêmes du monde, la figure du
globe, les hommes antipodes, &c. Tout
cela contredit la phyfique de Moïfe,
& vous confirmez ces fciences profa-
nes que l'Eglife a condamnées.... Je réponds quant à l'arrangement actuel de
l'Univers & la rondeur de la terre,
que, quoique la plupart des Pères de
l'Eglife aient rejeté l'opinion des antipodes; quoique le Pape ait peut-être
même condamné un fyftême qui pré-

fentoit d'autres hommes au-deffous de nous dans ces antipodes, ce qui n'eft pas bien avéré; quoiqu'une affemblée d'Inquifiteurs ait jugé hérétique le fyf-tême de Galilée; quoique la Congré-gation de l'Index ait condamné les Ou-vrages où il eft prouvé, je crois que ces fyftêmes fur la forme ou fur la ftruc-ture de la terre & de l'Univers, quoi-qu'ils femblent d'abord contraires au fens littéral de l'Ecriture, n'attaquant ni le dogme, ni les mœurs, ni l'Etat, peuvent être foutenus par un bon Ca-tholique : l'Eglife tolère bien qu'on enfeigne le fyftême des antipodes re-nouvellé par S. Virgile, elle permet qu'on croie aux atômes de Gaffendi, aux cubes de Defcartes, aux tourbil-lons de Regis, de Molieres, de Malle-branche & Fontenelle, à l'attraction de Newton, au fyftême de Ticho, à ce-lui de Copernic ou de Ptolomée : la plupart de ces Philofophes ont été pourtant condamnés & quelques-uns perfécutés ; mais l'Eglife à qui il eft permis d'anathématifer irrévocablement

les opinions humaines, n'a point adopté
ces condamnations privées. Je prouverai dans mon Hiſtoire des Sciences,
que des haines particulières, de petites
jalouſies d'Auteurs ont été le mobile
de ces perſécutions. S. Virgile qui en-
ſeignoit les antipodes malgré les Pères
de l'Egliſe, eut ſon Boniface; Deſ-
cartes ſon Voet, fanatique, ſcélérat qui
le pourſuivoit par-tout; Galilée, le Jé-
ſuite Scheiner; Roger Bacon, ſes confrè-
res Cordeliers & ſon Général; Gerbert
l'Auvergnat, ſon Compatriote. L'hiſtoire
de ces perſécutions & de ces condamnations, prouvent qu'un fanatique adroit,
un Zoïle humilié, ſçavent manier
les armes de la religion; & per-
ſuader qu'ils en vengent la majeſté dans
leurs grabuges; mais l'Egliſe notre mère
commune n'a point écouté leurs avis
particuliers ni leurs animoſités; elle
permet dans ces objets phyſiques, ſur
l'origine & la formation du monde, que
ces ſyſtêmes condamnés par divers
Corps particuliers, ſoient enſeignés à
la jeuneſſe dans les écoles publiques;

elle permet même qu'on soutienne des
opinions théologiques contradictoires en
défendant aux Parties de se traiter réci-
proquement d'hérétiques & punissant les
prévaricateurs qui s'éloignent des bornes de l'honnête dispute : elle a cons-
tamment abandonné à nos idées, quoique nous ayons la physique divine de
Moïse, l'origine & la structure du
monde, comme des objets capables
d'humilier notre foible raison ; mais
elle nous montre dans la même Genèse
de quoi nous rassurer dans la pusilla-
nimité de nos idées, à la vue d'un Tout-
Puissant qui commande à la matière
d'exister, qui ordonne les mondes, & en
présence duquel une durée de vingt-
quatre heures ou de mille ans n'est rien.
Voilà ce qui nous rassure ; voilà le
grand & le premier principe auquel
nous devons rapporter toutes choses.

On trouve néanmoins dans quantité
de brochures, que l'Eglise fut toujours
l'ennemie jurée des connoissances humaines, que dans tous les temps elle
persécuta les Savans, que chaque dé-

couverte fut fuivie d'une fuite d'infultes faites à la raifon , & qu'il faut avoir un grand cœur & beaucoup de courage pour éclairer les hommes : on voit, par les remarques qui précèdent, quels outrages ces accufations font à la religion & à l'Eglife univerfelle. Une affemblée d'Inquifiteurs n'eft ni l'Eglife, ni la religion. Maîtrifée par l'ignorance des temps fur des objets phyfiques, & plus fouvent par les clameurs ou la perfuafion d'un parti perfécuteur, l'Inquifition aura pu caractérifer d'héréfie une opinion innocente ; mais fes décifions particulières n'ont jamais obligé les Fidèles , puifque l'Eglife permet qu'on enfeigne ces fyftêmes à la jeuneffe, à Rome même où la plupart ont été condamnés.

Fin du Tome V des Minéraux.

TABLE

TABLE

DES MATIÈRES.

Tom. V   R

APPROBATION.

J'AI lu, par ordre de Monfeigneur le Garde des Sceaux, le *cinquieme Volume de la Géographie Phyfique des Provinces Méridionales de la France,* par M. l'Abbé SOULAVIE. Il ne contient rien qui ne puiffe élever l'ame de l'Obfervateur, la remplir d'admiration & de refpect pour l'Auteur de la nature, & qui n'en démontre la fageffe & la toute-puiffance. Ce Volume renferme encore à la fin, le plan d'un Difcours fur les Mœurs, que M. Soulavie doit prononcer cette année, à l'ouverture des Etats-Généraux de Languedoc. L'Auteur y détaille les avantages des bonnes mœurs & de la Religion; il prouve que la gloire & la puiffance des Peuples dépendent du maintien de ces deux objets, & il démontre que le dépériffement de toutes les connoiffances politiques eft accéléré par l'athéifme & la dépravation. Comme tous ces objets phyfiques, politiques & moraux peuvent intéreffer le Public, j'ai cru que l'on pouvoit en permettre l'impreffion. A Paris, ce premier Mai 1783.

ROBERT DE VAUGONDY, Cenfeur Royal.

DES

www.ingramcontent.com/pod-product-compliance
Lightning Source LLC
Chambersburg PA
CBHW060342200326
41519CB00011BA/2007